국립제주박물관 기획특별전

颱風告白

하나의 눈동자를 가진

태풍고백

외눈박이 바람의 고백

공동주최 국립제주박물관 · 제주지방기상청 후원 기상청 국가태풍센터

태풍고백

하나의 눈동자를 가진 외눈박이 바람이 고백합니다.
나는 하나의 점이 아니라
생명과 파괴의 에너지, 균형과 순환의 바람이라고
지구를 지키고 싶으니 함께 하자고

유물 및 사진자료 제공(가나다순)

국내 강만보
고려대학교박물관
기상청
기상청 국가태풍센터
김만덕기념관
국가기록원 부산역사기록관
국립중앙도서관
국립중앙박물관
국립제주박물관
국립해양문화재연구소
국사편찬위원회
문화재청
제주대학교박물관
제주지방기상청
제주특별자치도 세계유산본부
서울대학교규장각한국학연구원
서재철
이묘자

해외 국립고대미술박물관
우피치미술관

일러두기

1 이 도록은 국립제주박물관과 제주지방기상청이 2020년 5월 12일부터 7월 5일까지 개최한 특별전 <태풍고백 颱風告白>의 전시도록이다.

2 전시 이해를 돕기 위해 전시되지 않은 작품을 함께 수록하였으며, 도판목록에 별도로 '*'를 표기하였다.

3 출품 도판 정보의 경우, 명칭, 작가, 시대, 제작법, 크기, 소장처, 문화재 지정번호 순으로 기재하였으며, 참고 도판의 경우, 필요에 따라 정보를 생략하기도 하였다.

4 전시품의 크기는 세로×가로(cm) 순으로 기재했으며 국립박물관 소장품은 유물번호를 기재하였다.

5 도판 설명과 칼럼에 쓰인 용어, 개념, 편년 등은 개별 필자의 서술에 따랐다.

CONTENTS

발간사

2019년은 곧 태풍의 해였습니다. 2019년 초, 국립제주박물관으로 부임한 저는 제주에서 6개의 태풍을 고스란히 맞이해야 했고 그 기억과 경험은 제주지방기상청과의 협업 전시로 이어지게 되어 이번 특별전이 매우 의미 있다고 생각합니다.

외눈박이 바람이라는 별명을 가진 태풍은 적도 부근의 바다에서 만들어진 열대저기압입니다. 강한 바람과 폭풍우와 함께 이동하면서 우리나라를 비롯한 중위도의 여러 나라에 피해를 주는 에너지 덩어리입니다. 그렇기 때문에 태풍이 인간에게 파괴를 일삼은 단순한 기상 현상에 불과한 것이라고 치부해버리기 쉽습니다. 하지만 태풍은 지구의 온도가 올라가는 것을 막기 위해 만들어진 현상이고 특히 해양생태계의 순환을 돕는 유익한 면모도 가지고 있음을 알아야 합니다.

이처럼 이번 전시는 태풍의 생성과 인간에게 미치는 영향 그리고 급변하는 기상·기후 변화에 앞으로 어떻게 대처해야 하는지에 대해 생각해 볼 수 있는 기회가 될 것입니다. 전시품은 태풍을 기록한 역사서, 우리나라에 큰 피해를 준 역대 태풍자료, 태풍에 품고 때로는 맞서기도 한 제주사람들의 삶과 문화를 보여주는 생활자료 등 50여 점이 전시됩니다. 삼국시대의 태풍 기록, 14세기 태풍에 침몰했을 것으로 추정되는 신안선의 침몰 이야기, 17세기 태풍에 좌초되어 난파된 하멜 일행의 표류기, 바람과 태풍이 만들어낸 제주의 초가와 돌담 그리고 바람에 깃든 제주사람들의 신앙 자료 등이 소개됩니다. 이 전시품들은 태풍이 가져다주는 재해와 재해 이면에 풍요를 가져다주는 양면적인 면이 있음을 알려줄 것입니다. 또한 제주지방기상청이 소장하고 있는 관측자료들도 소개되고 있어 제주 기상관측의 역사를 이해할 수 있는 기회가 될 것이라고 생각합니다.

저 먼 바다로부터 다가오는 태풍을 제일 먼저 맞이하는 제주와 섬 사람들은 거센 태풍에 적응하는 전략들을 내놓았습니다. 엉성한 바람구멍을 가진 검은 돌과 구불거리는 제주 지붕이 거센 태풍을 품고 견뎌낸 산 증표라 할 수 있습니다. 바람의 섬이자 태풍의 길목에 선 제주에서 전하는 '태풍고백'은 거친 자연에 적응하고 살아 온 사람들에 대한 또 다른 고백이 될 것입니다. 아무쪼록 이번 전시를 통해 위대한 자연 앞에 우리가 어떻게 살아가야 하는지를 깨달을 수 있는 기회가 되길 바랍니다.
아울러 이번 전시에 기꺼이 자료를 제공해 주신 출품기관을 비롯하여 후원을 아끼지 않은 기상청 국가태풍센터, 그리고 좋은 글을 써주신 집필자분과 작품을 출품해 주신 작가분들께 깊은 감사의 마음을 전합니다.

김 유 식
국립제주박물관장

‘ᄇᆞ름’은 생존을 위해 극복해야 하는 자연현상이자 제주의 삶 그 자체로 제주 문화의 주요 요소입니다.

바람, 여자, 돌이 많은 ‘삼다도三多島’ 제주는 태풍의 길목에서 척박한 환경을 개척해야 했습니다. 독특한 제주 말言과 구불구불 올레길은 억센 바람과 거친 태풍을 이겨내려는 제주인의 자연스런 유산일 것입니다.

이러한 제주 날씨를 더 잘 알기 위해 제주지방기상청은 1923년 근대기상 업무를 시작하여 어언 100여 년을 이어오고 있습니다.
이번 <태풍고백> 전을 통해 제주지방기상청이 걸어 온 길을 소개하고, “바람=고기압에서 저기압으로 향하는 공기의 이동”이라는 개념에서 나아가, 검은 현무암에 새겨진 제주 바람의 이야기외 제주인의 굵은 땀방울에 시린 바림의 냄새를 인문학적으로 조명해보고자 합니다.

역사는 기록에 의하여 그 생명이 영원히 빛납니다. 여름을 맞이하면서, 태풍의 고백에 잠시 귀를 기울여 주시기 바랍니다.

고맙습니다.

권 오 웅
제주지방기상청장

2019년 60년 만에 가장 많은 태풍이 우리나라에 영향을 주었습니다.
잦은 태풍의 영향만큼 국민의 관심 또한 매우 커져 그 어느 때보다도 태풍정보 제공에 막중한 책임감을 느낍니다.

태풍은 머무는 시간은 길지 않지만, 집을 날려버릴 만큼 강한 바람과 엄청난 양의 비를 동반해 언제나 강렬함을 남기고 사라집니다.
매년 태풍으로 인해 많은 피해가 발생하고, 가장 큰 피해를 주는 자연재해로 알려져 있지만, 이번 <태풍고백>을 통해 기후변화로 인한 환경과 사회경제적인 문제를 태풍의 긍정적인 효과와 연계하여 다양한 시각에서 바라보는 기회가 되었으면 합니다.

여름의 초입부터 늦가을까지 늘 초대받지 못한 손님이지만, 이번 전시를 통해 태풍을 반갑게 맞이해 보시는 건 어떨까요?

허 택 산
국가태풍센터장

태풍颱風 담론談論

바람의 섬, 제주도에 누구 하나
반기는 이가 없지만 늘 그 때가 되면 찾아오는
외눈박이 바람의 소식은 우리를 늘 긴장하게 만든다.
태풍이 지나간 자리는 예외없이 허망하지만
또 오늘과 내일을 살아가야 하기에 자신을 추스르며 달랜다.

바람이 불던 어느 날, 온라인 화상회의 시간
차가운 화면 너머로 들리는 목소리는 바람을 탄 듯 했다.
" 국립제주박물관의 브랜드, 섬 문화는 매우 독특하고 감성적이다.
또 특유의 자연 환경에 민감하게 반응하고 지혜롭게 받아들였던
컨셉에 어울리는 전시가 좋을 듯 한데....
예를 들면 '제주는 바람이 많으니, 태풍'같은 특별전을
해보면 좋을 것 같은데.. 어떻습니까? "
라고 말하는 국립중앙박물관 배기동 관장의 목소리는
강풍이 몰아치듯 스쳐지나갔다.

그리고
바람의 여파는 남았다.

차가운 겨울 바람 속에서 뜨거운 여름을 기다리며
그 바람, 태풍에 대한 이야기를
먼저 국립제주박물관 김유식 관장과
제주지방기상청 권오웅 청장의 만남으로 시작해본다.

김유식　오랜만에 뵙습니다. 2019년은 저에게 매우 뜻 깊은 한 해였습니다. 제가 제주로 부임한 해이기도 하고 역대 6번의 태풍을 맞이했습니다. 역시 듣던대로 제주의 바람, 태풍의 위력은 대단하더군요.

권오웅　저도 기상청에서 근무한 지 35년이나 되었지만 2019년은 잊지 못할 한 해였습니다. 태풍이 오는 그 때가 되면 늘 긴장의 연속입니다. 관장님께서도 경주에서 근무하셨을 때 느꼈던 태풍과는 사뭇 달랐을 것이라 생각됩니다.

김유식　맞습니다. 제주라는 섬에서 맞는 태풍이라는 것만으로도 긴장되는데 좀 잊을 만 하면 또 온다고 하니, 박물관 걱정 때문에 새벽부터 늦은 밤까지 사무실을 왔다갔다 했었습니다. 특히나 시설팀 직원들도 태풍 안전 대비로 꽤 고생을 했습니다. 그래도 별 탈 없이 지나가서 다행이었습니다. 2019년을 뒤돌아보면서 박물관의 브랜드 등 곰곰이 생각해보다가 태풍이라는 주제로 전시를 해보면 어떨까 하고 넌지시 이야기를 꺼냈더니 이렇게 흔쾌히 손을 잡아주셔서 고맙습니다.

권오웅　아닙니다. 오히려 저희가 먼저 요청을 드려야 했나 싶을 정도로 반가웠습니다. 제주지방기상청 건물 안에도 작은 홍보관이 마련되어 있지만, 소략한 편이라 늘 어떻게 보완할까 고민 중이었습니다. 이렇게 국립제주박물관에서 태풍이라는 주제의 전시를 함께 하자고 하니, 있는 힘껏 할 수 있는 일을 하도록 하겠습니다.

김유식 관장

권오웅 청장

김유식 태풍이라는 전시는 매우 어려운 전시인 것 같습니다. 일단 태풍은 기상학 · 기후학 등 자연과학적인 측면이 먼저 떠오르는 분야입니다. 때문에 인문학을 연구하는 우리가 어떻게 접근하고 접목해야 할지 고민이 많습니다. 먼저 태풍, 바람이 가지는 다양한 인문학적 영향인 신화나 전설을 비롯한 고문헌에 기록된 자료를 많이 찾아보아야 할 것 같습니다. 또 바람 때문에 생겨난 여러 환경적인 측면도 다루어 보면 어떨까 합니다. 다만 우리가 잘 모르는 기상학적 자료는 청장님과 관련 전문가분들의 도움을 필요로 합니다.

권오웅 당연히 저희가 해야 하는 부분입니다. 마침 제주도에 기상청 국가태풍센터가 있기 때문에 태풍과 관련된 전문가도 많습니다. 역대 태풍에 대한 여러 기록자료, 1923년 제주측후소 시기부터 시작된 제주 기상관측의 역사와 다양한 관측장비, 당시 수기로 기록한 자료도 있습니다. 이번 기회로 제주지방기상청에서 보관하고 있는 초기 기록물에 대한 보관 상태도 한번 점검해 주셨으면 합니다. 저번 문화대학 강의를 들어보니 종이로 되어 있는 오래된 물건들은 보관 상태나 환경이 매우 중요하다고 들었습니다만.

김유식 맞습니다. 마침 종이나 복식 등 유기물질을 보존처리하는 학예연구사가 있으니 제주지방기상청으로 가서 함께 협의할 수 있도록 하겠습니다. 오래된 기록자료의 중요성을 알고 계시고, 이렇게 보존해야 할 기상관측의 역사자료로 인식하고 계시니 정말 좋습니다. 이번 전시에도 활용가능하니 적극 협조할 수 있도록 하겠습니다.

권오웅 저희 기상청 자료의 보관상태에 대해 배려해주셔서 고맙습니다. 그런데 태풍과 관련된 또 다른 자료는 없을까 고민됩니다. 혹시 관장님께서는 다른 아이디어가 더 있을 것 같은데 어떠십니까?

김유식 전시는 눈에 보이는 물질자료를 기반으로 해야 하는데 저는 이것에서 좀더 확장된 시선으로 접근해보는 것도 좋을 것 같습니다. 예를 들면 제주의 바람과 태풍에 대한 여러 예술작품까지도 아우를 수 있다면 관람객에게 또 다른 관점의 태풍 · 바람의 영향력을 보여줄 수 있을 것 같습니다. 깊게 알지는 못하지만 태풍은 마냥 나쁜 것만은 아니더군요.

권오웅 맞습니다. 태풍은 우리 생태계에 필요한 자연현상이라고 알고 있습니다. 또 관장님의 확장된 관점에 현대의 예술작품까지 더하면 더 풍성한 전시가 될 것 같습니다.

김유식 물론 예술작품까지 전시하려면 여러 가지 검토해야 할 부분들이 많습니다. 전시에 포함하지 못하더라도 도록에는 수록해서 태풍에 대한 한 권의 오롯한 기록자료가 될 수 있도록 하겠습니다.

Prologue

태풍은 거센 바람과 폭우를 떠올리는 존재입니다.
보이지 않지만 느낄 수 있는 거대한 에너지 덩어리인
태풍을 우주에서 바라보면 '하나의 눈동자를 가진
외눈박이 바람'이라는 별칭과 어울립니다.

태풍은 매년 여러 나라에 피해를 주는
자연 재해의 하나라고만 할 수 없습니다.
지구의 온도를 낮추고 대기와 해수를 순환시켜주어
생태계를 돌보는 자상한 면도 있습니다.
하지만 그 피해가 커 인간은 늘 태풍에 대한
여러 대비책을 마련하고 적응하며 받아들였습니다.
이번 전시를 통해 급변하는 기후 변화에 맞서
우리가 미래를 위해 어떻게 해야 할지를
되새겨보는 기회가 되길 바랍니다.

이번 전시에는 태풍에 대한 기록, 제주 사람들의 삶과 문화를
보여주는 생활자료, 13세기에 침몰된 신안선의 도자기,
16세기 태풍에 좌초되어 난파된 하멜 일행의 표류기,
바람과 태풍이 빚어낸 초가와 돌담 등
여러 가지 제주문화가 소개됩니다.

태풍의 길목, 제주에서 거센 바람이 전해주는
여러 이야기에 귀 기울여보시길 바랍니다.

태풍

다 계획이 있구나

Report 1
적도에서 불어오는 바람, 태풍

태풍은 북태평양 서부 적도 부근에서 형성되는 열대저기압 중 하나로 적도 부근이 극지방보다 더워지는 것을 줄이기 위해 발생하는 기상현상이다. 평균적으로 남 · 북위 5° 이상, 수온이 26° 이상인 적도 부근의 바다는 높고 습한 공기가 많아 상승기류가 발달해 있다. 이러한 상승기류는 점점 많은 수증기를 만들면서 거대한 공기기둥을 반복적으로 형성하여 태풍이 만들어진다. 적도 부근에서 탄생한 태풍은 지구 자전에 의해 북서쪽으로 이동하다가 점차 서쪽에서 동쪽으로 부는 편서풍의 영향으로 서서히 북동쪽으로 이동하게 되면서 우리나라와 일본으로 향하게 된다.

따라서 지역마다 부르는 이름이 다르다. 우리나라가 포함된 북태평양 지역에서는 태풍Typhoon, 북대서양 지역에서는 허리케인Hurricane, 인도양과 오스트레일리아 일대 남태평양 지역에서는 사이클론Cyclone이라 부른다.

태풍은 거대한 바람과 비를 몰고 다닌다. 실제로 태풍은 안쪽으로 갈수록 풍속이 빨라지지만 태풍 중심 부분은 날씨가 맑고 바람이 없는 고요한 상태를 유지하기 때문에 태풍의 눈이라 부른다. 위성에서 태풍을 바라보면 태풍의 눈 속으로 빨려들어가는 듯한 역동적인 모습을 관찰할 수 있다.
우리나라에서 '태풍颱風'이라는 단어를 쓰기 시작한 것은 1904년부터이며, 이전에는 풍風, 대풍大風, 구풍颶風 등으로 불렸다. 영어로는 '타이푼Typhoon'이라 하는데 이는 그리스신화에 나오는 괴물 '티폰Typhon'에서 유래되었다고 한다. 고대 사람들은 모든 자연에 신이 있다고 믿었고 공기와 바람도 마찬가지였다. 바람을 다스리는 신은 우주의 기운과 생명력을 관장하지만 화가 나면 태풍을 일으킨다고 생각했다. 중국과 한국의 풍백風伯, 일본의 스사노오노미코토[須佐之男命] 등도 바람을 다스리는 신이다. 제주신화의 경우에도 하늘의 신 천지왕과 그의 아들 대별왕, 소별왕 역시 해와 달, 추위와 더위를 조절하는 힘을 지니고 있다.

키워드 : 태풍, 허리케인, 사이클론, 타이푼, 태풍의 눈, 대풍, 신화, 바람의 신, 풍백, 천지완

REPORT 1
적도에서
불어오는 바람,
태풍

적도의 습기를 품은 강력한 바람, 태풍

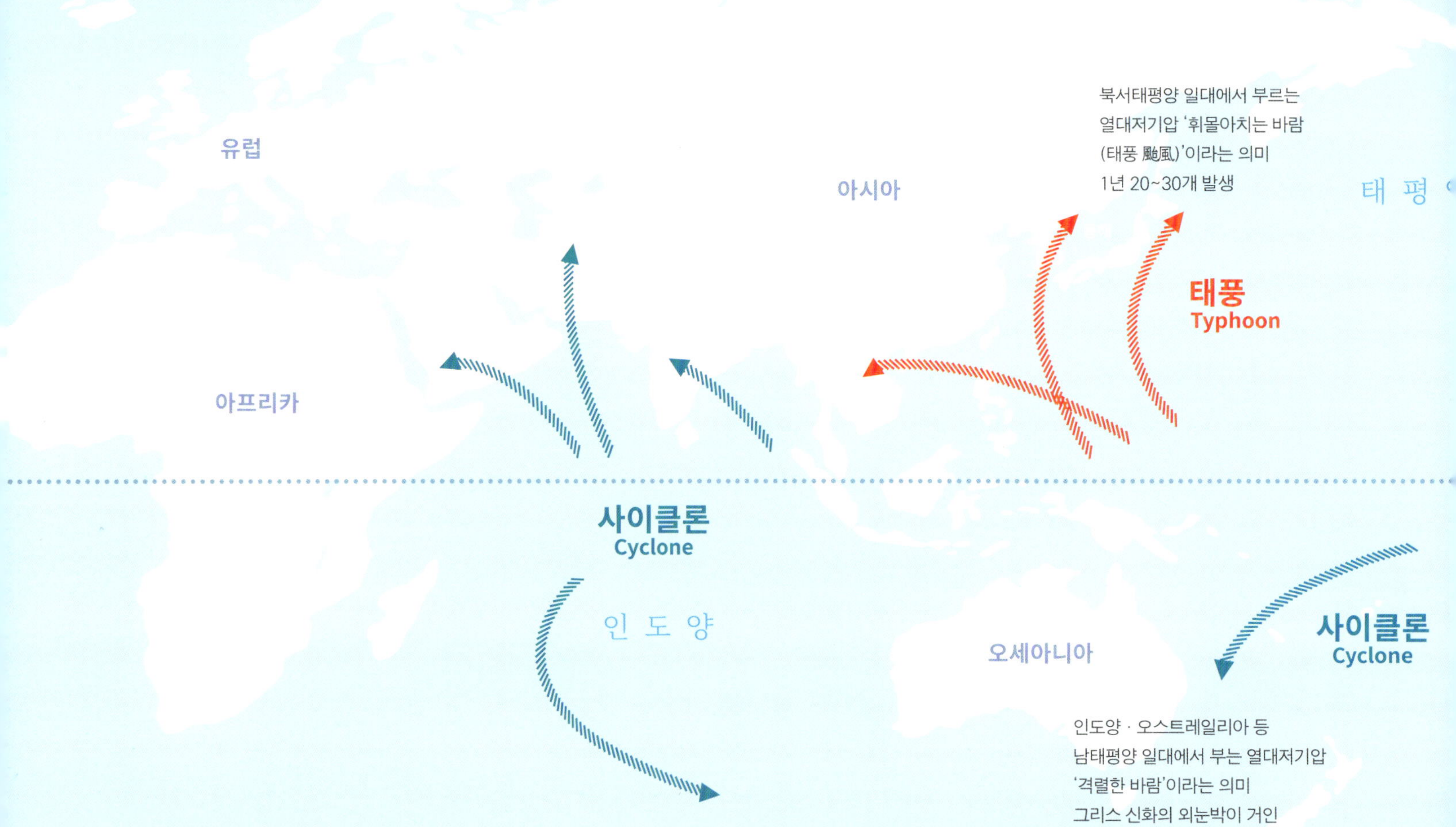

북서태평양 일대에서 부르는
열대저기압 '휘몰아치는 바람
(태풍 颱風)'이라는 의미
1년 20~30개 발생

인도양 · 오스트레일리아 등
남태평양 일대에서 부는 열대저기압
'격렬한 바람'이라는 의미
그리스 신화의 외눈박이 거인
'키클로페스Cyclopes'에서 유래
1년 5~7개 발생(5~12월)

※ 태평양 남부의 윌리윌리willy-willy는
사이클론으로 통합됨

태풍의 세기

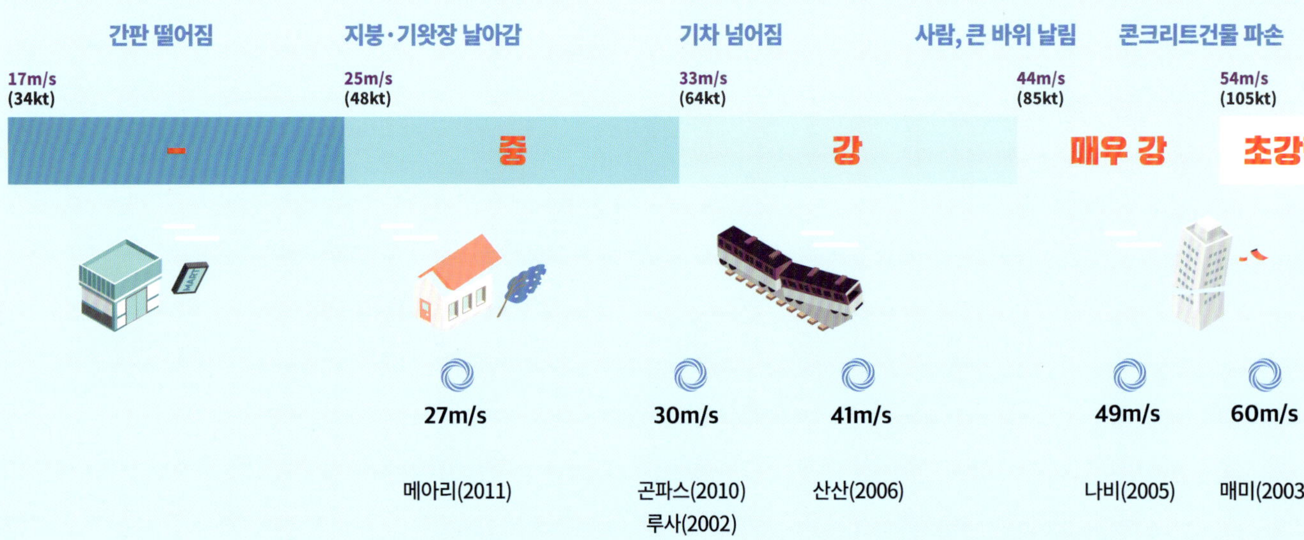

※ 초강력 등급
최근 10년간 발생한
태풍의 상위10% 중
태풍의 중심 부근
최대 풍속이 54m/s 이상
(기상청, 2020년 5월 신설)

태풍颱風은 북태평양 서부의 적도 부근 해상에서 발생하는 열대저기압의 한 종류이다. 지구 한가운데에 위치하는 적도지역은 태양의 직사광선을 가장 많이 받는 곳이지만 극 지역은 열을 많이 받지 못하기 때문에 열에너지가 부족하다. 이에 이러한 불균형을 줄이기 위해 적도 부근의 열에너지를 극 지역으로 보내기 위해 발생하는 기상현상 중 하나가 태풍이다. 태양열을 많이 받는 적도 부근 즉, 남 · 북위 5° 이상, 수온이 26° 이상인 바다는 높고 습한 공기가 많아 상승기류가 발달해 있다. 상승기류는 점점 많은 수증기를 만들면서 더욱 크고 습한 공기기둥을 만들게 되고 이러한 과정이 반복되면서 거대한 열대저기압, 즉 태풍이 만들어지게 되는 것이다.

태풍은 안쪽으로 갈수록 풍속이 빨라지지만 중심 부분은 날씨가 맑고 바람이 없는 고요한 상태를 유지하는데, 이것이 태풍의 눈이다. 그리고 태풍의 눈의 안과 밖은 풍속 차이로 인해 강력한 소용돌이가 생기게 되고 점점 발달하면서 막강한 파괴력을 갖게 된다. 이러한 태풍의 위력은 1945년 나가사키에 떨어진 원자폭탄보다 10,000배나 크다고 한다.

이처럼 적도 부근에서 발생하는 기상현상은 전 지구적으로 나타나는데 우리나라가 포함된 북서태평양 지역에서는 태풍Typhoon이라 부르고 북대서양 · 카리브해 · 멕시코만 · 북태평양 해역에서는 허리케인Hurricane, 인도양 · 오스트레일리아 일대 남태평양 지역에서는 사이클론Cyclone이라 부른다.

일반적으로 태풍은 중심초속의 최대 풍속을 기준으로 태풍의 세기를 분류하는데 우리나라와 일본은 17m/s 이상을 태풍으로 간주한다. 이렇게 탄생한 태풍은 지구 자전에 의해 북서쪽으로 이동하다가 점차 서쪽에서 동쪽으로 부는 편서풍의 영향으로 서서히 북동쪽으로 이동하게 되어 우리나라와 일본으로 향하게 된다.

태풍의 발생 시기는 북반구는 주로 7~10월 사이, 남반구는 4~6월, 9~12월경에 주로 발생한다. 태풍은 바다로부터 증발한 수증기를 공급받아 강도를 유지하면서 고위도로 이동하는데, 육지에 상륙하면 그 공급원이 끊겨 점점 힘을 잃다가 소멸하게 된다. 태풍의 탄생과 소멸기간은 약 7~10일 정도이며 매년 발생과 소멸을 반복하고 있다.

태풍이라는 말의 어원

태풍이란 단어가 우리나라에서 처음으로 등장하는 기록은 『기상연보氣像年報 50년』이다. 이 기록은 1904년부터 1954년까지의 기상관측 자료를 정리한 책으로 1904년 필리핀 동남쪽에서 발생한 태풍이 오키나와 아마미시[奄美市] 나제[名瀨]지역과 큐슈의 고토열도[五島列島], 경남 마산지역으로 이동했던 상황들이 기록되어 있다.

이전의 역사서인 『삼국사기』, 『삼국유사』, 『조선왕조실록』, 조선시대 문인들의 개인 문집 등에는 풍風, 대풍大風, 대풍우大風雨, 대풍수大風水, 표풍飄風, 구풍颶風 등이라 하고 있어 실제 '태풍'이라 불린지는 약 100년 전에 불과하다고 할 수 있다.

西紀一九0四年
八月二十日의 颱風(II)

十八日 呂宋島의 東方海上에 나타난 颱風은 北西로 進行하여 十九日 琉球의 名瀨地方을 通過하여 二十日 아침 九時 五島附近에 到達되면서 北北東쪽으로 轉向하여 同日午後, 馬山附近에 上陸하였는데 여기서부터 颱風은 斜線을 그리면서 南韓을 橫斷하여 東海로 進出되였다.

이 颱風은 轉向後 急速히 衰弱되여 980.7m.b로 되었으나 南韓 특히 慶南沿岸一帶에서는 二十日 아침에 猛烈한 暴風雨로 되여 海溢까지 同伴되였든 關係로 家屋에 浸水와 船舶의 難破 等의 數가 甚大하였다.

『기상연보氣像年報 50년』 중, 기상청

사진1 태풍이 지나간 후, 서정희

태풍을 의미하는 '태颱'의 사전적 의미는 휘몰아친다는 의미이다. 태풍이란 용어는 1634년 중국에서 발간된 『복건통지福建通志』 56권 「토풍지土風志」에 처음으로 등장한다. 그러나 당시 이 명칭은 일부 지역만 한정되어 쓰고 있어 보편적으로 사용했던 것은 아닌 듯하다. 이외 태풍을 이르는 용어로 구풍颶風이 있다. 구풍은 바람이 강하고 회전하는 바람이라는 뜻으로 심한 태풍을 이르기도 한다. 조선 세종 때의 문신 신숙주申叔舟(1417~1475)가 일본에 사신으로 갔다가 조선으로 돌아오는 길에 태풍을 만났던 일화에서 찾아볼 수 있다. 또한 1856년 역관 김계운金季雲(1808~?)이 여름에 대마도에 사행을 갔다 오다 풍랑을 만났던 경험을 그린 범사도泛槎圖에 거친 파도, 배를 구하기 위해 자른 돛대, 파도에 반쯤 잠긴 배의 모습이 묘사되어 있어 당시 풍랑을 헤쳐나가는 사람들의 두려움을 느낄 수 있다.

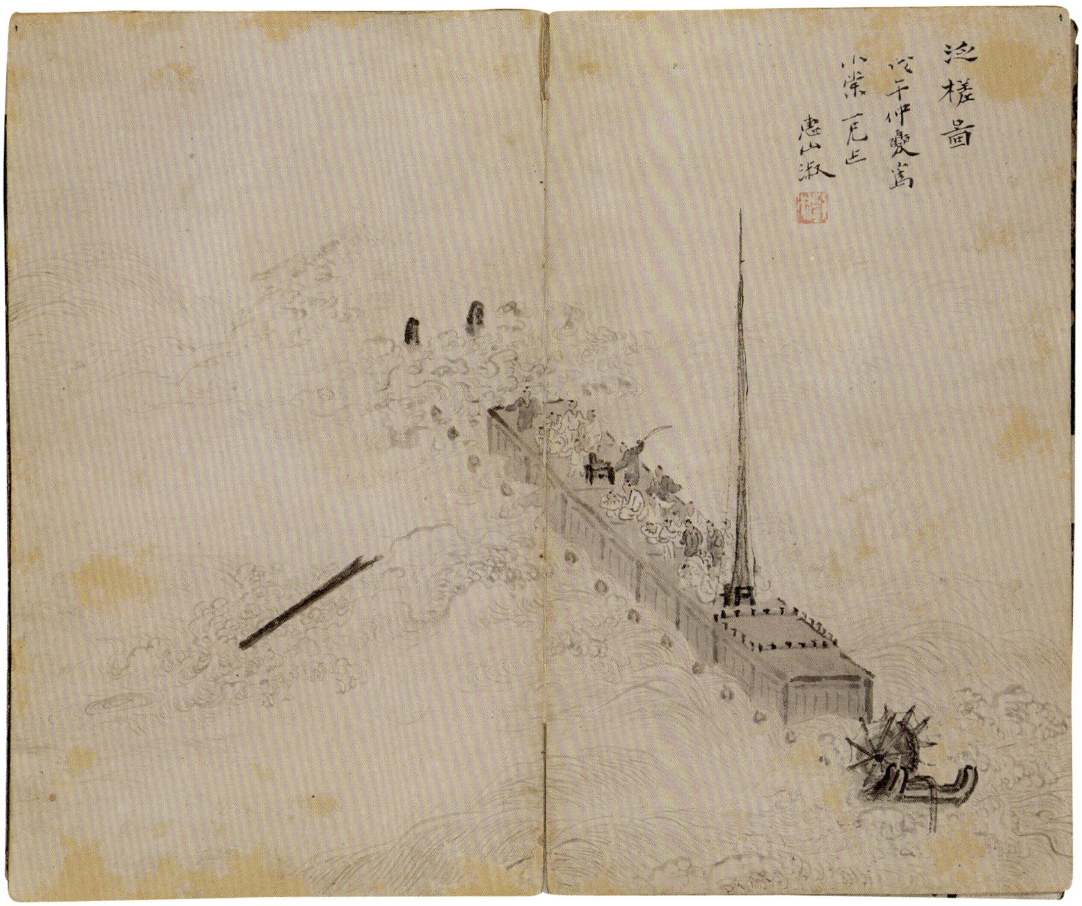

* 01

범사도 泛槎圖

Beomsado, Painting of a Boat Struggling Against the Wind and Waves

유숙劉淑(1827~1873)
조선 1858년
종이에 담채
25.3×15.3
국립중앙박물관
본관5062

『성종실록』 56권, 성종 6년 6월 21일 무술

우리나라로 향할 때 구풍颶風을 만나서 여럿이 모두 얼굴빛이 변하였으나, 신숙주는 신색神色이 태연자약하여 말하기를, '장부丈夫가 사방四方을 원유遠遊함에 이제 내가 이미 일본국日本國을 보았고, 또 이 바람으로 인하여 금릉金陵에 경박經泊하여 예악문물禮樂文物의 성盛함을 얻어 보는 것도 또한 유쾌한 것이 아니겠느냐?' 라고 하였다 …

行遇颶風 衆皆失色 叔舟神色自若 言曰 : "丈夫當遠遊四方 今我旣見日本國 又因此風 經泊金陵 得見禮樂文物之盛 不亦快乎 …

사진2 제우스와 티폰의 전투 모습

그렇다면 현재 사용되고 있는 'Typhoon' 이라는 영어 단어는 어디서 기원했을까? 많은 학자들은 그리스신화에서 그 유래를 찾는다. 헤시오도스Hesiodos(기원전 740년 경~기원전 670년 경)가 그리스 신들의 이야기를 집대한 『신들의 계보』에 의하면 티폰에게는 늘 '눅눅하게 불어오는 강풍들'이 생겨났다고 하여 티폰Typhon이 타이푼Typhoon으로 바뀌었다고 보고 있다.

그리스신화는 신과 인간에 대한 이야기이지만 엄청난 힘을 가진 괴물에 대한 이야기도 많다. 괴물들은 엄청난 힘과 잔인성을 가지고 있어 공포의 대상이 되었는데 기간테스Gigantes가 대표적이다. 기간테스는 대지의 여신 가이아Gaia와 암흑세계의 신 타르타로스Tartaros 사이에서 태어난 거인족으로 상반신은 인간의 모습을, 하반신은 뱀의 형상을 하고 있으며 이 중 티폰은 기간테스 중 가장 막강하였다. 티폰은 어깨가 하늘에 닿았으며, 머리는 별에, 두 팔을 벌리면 세상의 끝에 닿았고, 날개를 펴면 태양을 가려 세상이 어두웠다고 한다. 또한 걸으면 땅이 흔들렸는데, 올림포스의 신들도 티폰이 무서워 동물로 변해 이집트로 도망갔다고 한다. 티폰의 몸에서는 강력한 바람이, 입에서는 화염이, 몸에 달린 100개의 뱀의 입에서는 번개가 뿜어져 나왔다고 한다. 제우스Zeus는 거인족과의 전투에서 그의 강력한 무기인 번개를 던져 티폰을 시칠리아에 있는 에트나화산에 가둠으로서 승리를 하고 신중의 왕으로 군림하게 되었다. 이후 그리스 사람들은 에트나화산의 분화는 지하에 갇힌 티폰이 화를 내기 때문이라고 믿었다.

비록 신화 속 이야기이지만 티폰의 몸에서 발생하는 바람, 불, 번개, 지진 등은 인간에게 큰 피해를 주는 최악의 자연재해로 그 위력이 얼마나 강한지 실감할 수 있다.

항아리, 기원전 540~530년 경, 높이 46.0, 국립고대미술박물관

REPORT 1
적도에서
불어오는 바람,
태풍

고대신화 속 바람과 기상의 신

세계의 고대신화에는 기상氣象을 관장하는 다양한 신들이 존재한다. 메소포타미아신화의 엔릴Enlil과 아다드Adad, 그리스신화의 제우스Zeus와 아네모이(북풍의 신 보레아스Boreas, 서풍의 신 제피로스Zephyrus, 남풍의 신 노트스 Notos, 동풍의 신 에우로스Eurus), 이집트신화의 슈Shu, 힌두신화의 인드라Indra와 바유Vayu, 북유럽신화의 토르Thor와 뇨르드Njord 등이 대표적이다. 또한 중국과 한국의 풍백風伯, 일본의 스사노오 노미코토[須佐之男命] 등도 대표적인 바람 신이다. 이들은 바람을 신격화하거나 천둥, 번개, 바람, 비 등 기상을 관장하는 신들이다. 이 중 제우스, 토르와 같은 최고의 신들은 천둥과 번개를 부를 수 있는 신물을 지니고 있기도 하다. 제주신화의 경우에도 하늘의 신 천지왕과 그의 아들 대별왕, 소별왕 역시 해와 달, 추위와 더위를 조절하는 힘을 지니고 있다.

이들은 좋은 바람과 비를 내리는 풍요의 신이기도 하지만 폭풍과 가뭄, 홍수를 내려 파괴를 부르는 신이기도 했다. 고대 사람들은 예측할 수 없는 기상현상에 대해 초자연적인 존재가 지배한다고 믿었으며 이는 곧 기후를 관장하는 신으로 신봉되었다.

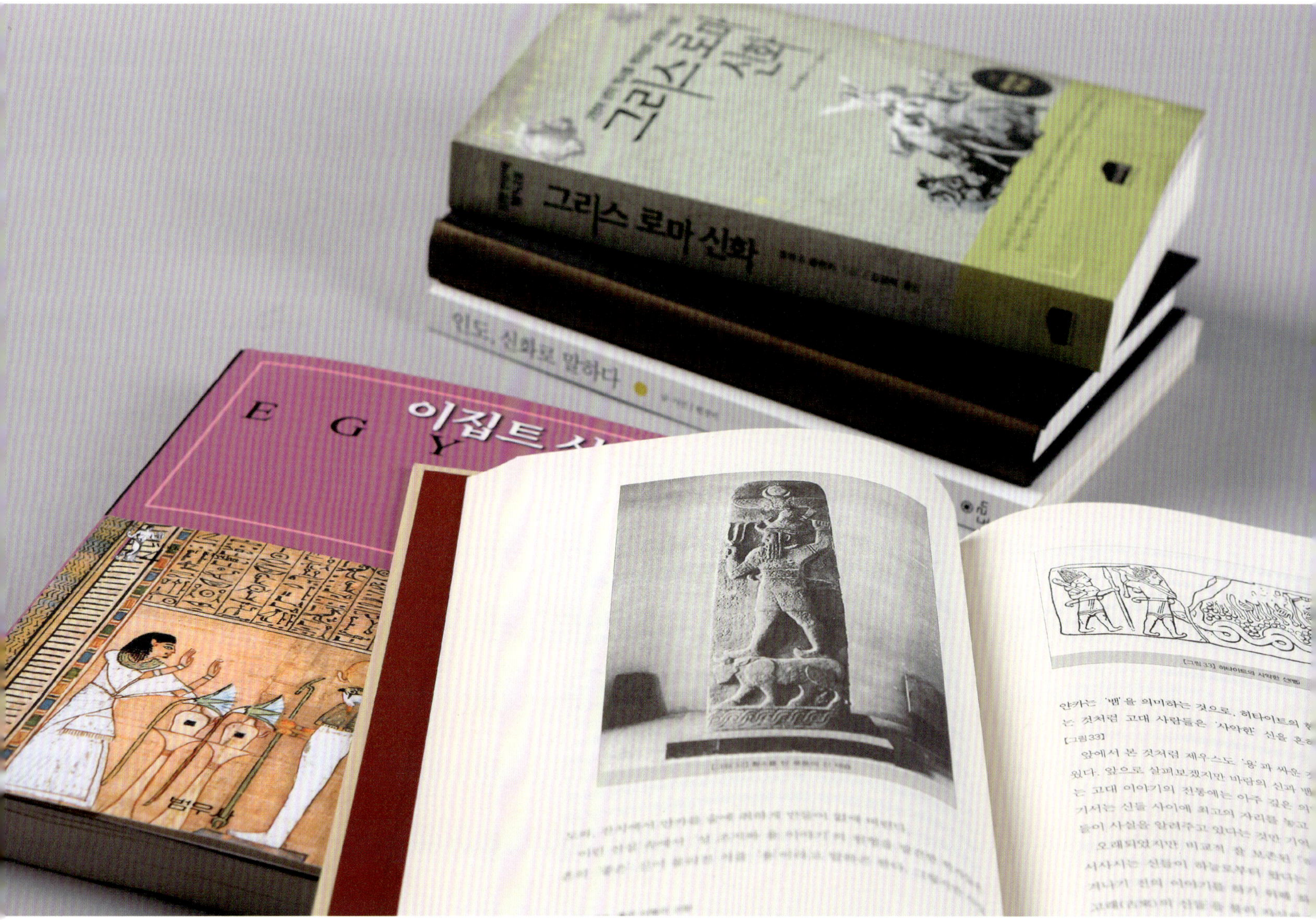

사진3 고대 신화를 기록한 책들

02

삼국유사 三國遺事

Samgukyusa, Memorabilia of the Three Kingdoms

일연一然(1206~1289)
대한제국 1904년
신연활자본
23.0×15.4
국립중앙박물관
신수19870

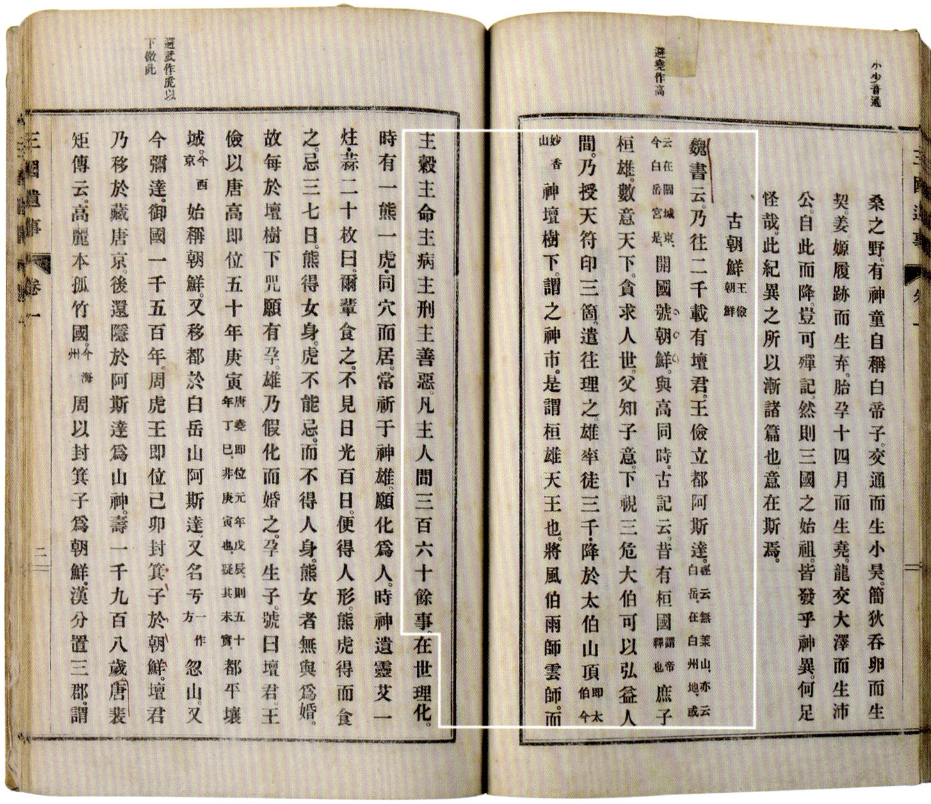

고려 후기 때의 승려 일연이 삼국의 유사를 편년체로 엮은 역사서이다. 우리나라 역사서 가운데 최초로 고조선 건국신화를 수록하였다. 환웅桓雄은 단군의 아버지로 '널리 사람을 이롭게한다'는 홍익인간弘益人間을 위해 풍백風伯, 우사雨師, 운사雲師를 거느리고 인간 세상에 내려와서 곡식, 수명, 질병, 형벌, 선악을 주관하였다. 함께 내려온 신들은 각각 바람, 비, 구름 등 날씨와 관련된 신으로 우두머리는 '우두머리 백伯'자를 쓰는 바람의 신 풍백이다. 풍백은 중국의 신화에 등장하는 바람의 신으로 하늘의 신을 바람으로 전한다고 한다.

『삼국유사』 권1, 기이1, 고조선

『고기』에 이르기를 "옛날 환인[제석을 말한다]의 서자 환웅이란 자가 있어 자주 천하에 뜻을 두고 인간 세상을 구하고자 하였다. 아버지가 아들의 뜻을 알고 아래로 삼위태백 땅을 내려다보니 널리 인간을 이롭게 할 만한지라 이에 천부인 세 개를 주어, 가서 그곳을 다스리게 하였다. 환웅이 무리 3천명을 거느리고 태백산 꼭대기[바로 태백은 지금의 묘향산이다] 신단수 아래 내려와 이를 일러 신시라고 하였으니 그를 환웅천왕이라 한다. 그는 풍백風伯 · 우사雨師 · 운사雲師를 거느리고, 곡식 · 생명 · 질병 · 형벌 · 선악 등 무릇 인간의 360여 가지 일을 맡아서 세상에 있으면서 다스리고 교화하였다 …

古記云"昔有桓因[謂帝釋也]庶子桓雄數意天下貪求人世父知子意下視三危太伯可以弘益人間乃授天符印三箇遣往理之雄率徒三千降於太伯山頂[卽太伯今妙香山]神壇樹下謂之神市是謂桓雄天王也將風伯雨師雲師而主穀主命主病主刑主善惡凡主人間三百六十餘事 …

COLUMN

국립제주박물관
학예연구사
오연숙

바람의 신과 함께 세계를 누비다

동서양을 막론하고 고대 사람들은 만물을 구성하고 있는 근원을 밝히고 그것을 통해 세상을 이해하고자 끊임없이 질문하고 답을 구하였다. 서양의 고대 철학자들은 '물', '불', '흙', '공기' 4원소로 이루어졌다고 보았으며, 동양에서는 '토土', '금金', '수水', '목木', '화火' 오행五行의 기운으로 이루어졌다고 믿었다. 이들 각 요소들은 사람이 살아가는데 꼭 필요한 것들로 어느 하나가 없다면 인간의 생존이 불가능하다. 하지만 공기만큼 인간의 생존과 직결된 것은 없을 것이다. 공기가 있어야 숨을 쉴 수 있고 바람이 만들어지며 대기가 순환되어 생명을 유지할 수 있기 때문이다. 바람은 대기의 온도와 기압차에 의해서 공기가 이동하여 만들어진다. 따라서 아무리 고요한 날이라 할지라도 늘 우리 주변에는 바람이 불고 있으며 이로 인해 숨을 쉬며 살아갈 수 있는 것이다.

이러한 바람은 기후와 날씨를 결정하고 조정하는데 중요한 역할을 한다. 그러나 한편으로는 공포와 경외의 대상이었다. 봄바람은 생명과 풍요로움을 가져다주지만 겨울바람과 폭풍은 파괴와 가혹한 환경을 선사했으며, 변덕스러운 바람은 불안과 폭력성을 상징하기도 했다. 이처럼 바람이 갖는 다양한 면들은 고대 사람들의 신앙에도 반영되어 신화神話 속에서 수많은 바람의 신들을 창조해 냈다.

신화는 인간의 근원을 찾는 이야기로 시대와 지역에 따라 다양하게 전해져 온다. 신화의 기원에 대해서는 여러 학설이 있지만 자연의 힘을 의인화 했다고 보는 견해가 잘 알려져 있다. 이는 우리 주위를 둘러싼 자연현상에 대하여 신들이 다스린다고 보는 것으로, 바람도 자연 신의 범주에서 신격화 되어 숭배의 대상이 되었다고 할 수 있다.

각국의 신화에는 최고의 신들이 기상을 다스리거나 그의 권능을 자식에게 물려주기도 한다. 대표적인 것이 그리스신화의 최고신 제우스Zeus이다. 그는 비, 우박, 천둥, 벼락을 다스렸으며 벼락은 그가 신과 인간의 잘못을 응징할 때 사용하는 강력한 무기였다.

메소파타미아신화의 최고신 중 하나인 엔릴Enlil 역시 바람의 신이었으며 그는 그의 아들 아다드Adad에게 자신의 직능을 건네주었다. 이에 아다드는 천둥, 번개, 비, 바람 등 기상을 다스리는 신이 되었고 엔릴의 명령으로 메소포타미아 일대를 황폐화 시킨 대홍수를 일으키기도 했다. 즉, 좋은 바람을 보내어 비옥한 비를 내리는 풍요의 신이기도 했지만 폭풍우와 홍수로 파괴와 죽음을 초래하기도 했다.

> 석양빛과 함께 검은 구름이 수평선에서 일어났다.
> 그 안에서 폭풍의 신이 호령했다…
> 밝게 빛나던 모든 것이 검게 변했다…
> 하루 동안 남쪽에서 폭풍이 불었고
> 갈수록 심해지더니 산들을 덮었다…
> 남쪽에서 부는 폭풍이 땅을 휩쓸며
> 여섯 날 여섯 밤 동안 바람이 불었다.
> 일곱째 날이 되자 남쪽 태풍이 몰고 온 대홍수가 잦아들었다.
>
> **「길가메시의 서사시」 중**

힌두신화의 인드라Indra, 북유럽신화의 오딘과Odin과 토르Thor 역시 폭풍과 기상을 다스렸다. 오딘의 아들 토르는 묠니르라고 하는 망치를 들고 다니며 번개를 불러냈으며 비를 내려 농사에 이롭게 하였다고 한다. 이처럼 기상을 다스리는 신들은 최고의 신들이 담당하였으며 기상의 이해와 통제가 문명 발생과 발전에 얼마나 중요한 역할을 했는지를 짐작해 볼 수 있다.

바람 그 자체를 다스리는 신은 최고의 신보다 하위의 신들이 담당하였다. 그리스신화의 아네모이Anemoi 즉, 북풍의 신 보레아스Boreas, 서풍의 신 제피로스Zephyrus, 남풍의 신 노트스Notos, 동풍의 신 에우로스Eurus

1. 각종 고대신화 관련 저서들, 현대

가 대표적이다. 이 중 제피로스와 보레아스는 시인과 작가들이 즐겨 노래한 바람의 신이다.

제피로스는 부드러운 서풍의 신으로 봄의 여신 플로라의 남편이기도 하다. 그는 거품에서 태어난 비너스를 바람을 내뿜어 해변으로 데려 갔으며, 아들 에로스의 연인 프시케를 에로스의 성으로 데려다 주는 부성을 발휘하기도 하였다. 한편으로는 아내 플로라의 시녀인 아네모네Anemone를 사랑했다가 발각되자 꽃으로 변해버린 연인을 위해 봄이 되면 찾아가 꽃을 피워 사랑을 속삭이기도 했다. '사랑의 괴로움'이라는 꽃말을 지닌 아네모네는 '바람꽃Wind Flowers'이라고 하는데 그리스어 아네모스Anemos(바람)에서 비롯되었다고 한다. 또한 자신이 사랑한 히아킨토스Hyakinthus가 태양의 신 아폴론을 더 따르자 질투에 눈이 멀어 원반던지기 할 때 바람을 불어 방해했고, 결국 그 원반이 사랑하는 히아킨토스를 죽음에 이르게 한 질투의 화신으로 나오기도 한다. 결국 히아킨토스는 피를 흘리며 죽었고 그가 죽은 자리에서 어여쁜 곳이 폈는데 바로 히아신스Hyacinth이다.

반면, 북풍의 신 보레아스는 폭력성과 야만성을 상징한다. 그는 아테네 왕의 딸 오레이티아Orithyia에게 반하여 사랑을 구애하지만 번번이 거절당하자 분노하며 강제로 납치한 후 결혼하여 자식들을 낳는다. 이처럼 보레아스가 보여주는 행동들은 추위와 거센 바람, 거친 폭력을 상징하는 북풍 바로 그 자체를 보여준다.

힌두신화에는 바유Vayu가 대표적이다. 바유는 불교에서 '풍천風天'이라고도 한다. 그는 많은 말이 끄는 빛나는 마차를 타고 하늘을 달리며 세상에 광명을 주고 사람에게 자손과 복덕을 내리는 선한 신이기도 했지만 자신의 힘을 과시하며 성질 급한 신이기도 했다. 그는 자신의 강함을 과시하기 위해 바람으로 수미산須彌山을 무너뜨리려 했으나 금시조金翅鳥 가루다Garuda가 수미산을 지켜 실패하였다. 그런데 힌두교 최고의 신 중 하나인 비슈누Vishnu가 잠시 가루다를 불러 자리를 뜨자 바람으로 수미산 정상을 파괴하고 마는데 그때 바다로 떨어

2. 〈비너스의 탄생〉 중 일부, 산드로 보티첼리, 1485년 경, 우피치미술관

3. 토기항아리에 그려진 〈보레아스의 오레이티아 납치 모습〉, 기원전 360년 경, 루브르박물관

져 나간 것이 스리랑카이다. 비록 신화 속 이야기이지만 바람의 힘으로 나라 하나가 만들어졌다니 그 위력이 대단하다. 또한 반얀나무Banyan Tree와 관련된 이야기도 전한다. 반얀나무는 벵골보리수나무로 뿌리가 많고 튼튼한 나무로 알려져 있다. 전설에 의하면 한 성자가 히말라야의 반얀나무를 보고 폭풍이 몰아쳐도 문제없겠다고 칭찬하자 반얀나무는 자신의 튼튼함을 과시하며 폭풍을 얕잡아 보았다. 이에 화가 난 바유는 바람으로 나무를 부러뜨렸으며 이에 반얀나무가 자신의 과오를 뉘우쳤다고 한다. 이 이야기는 지나친 과신에 대한 일침일 수도 있으나 한편으로는 폭풍이나 태풍과 같은 거센 바람의 폭력성을 보여준다.

중국을 포함한 한국에는 바람의 신 풍백風伯이 있다. 풍백은 바람을 다스리는 신으로 풍사風師, 비렴飛廉 등으로도 불린다.

기원전 3~4세기 경에 쓰인 『산해경山海經』에는 그리스 · 로마 신화처럼 다양한 신화가 등장하는데 이때 신국神國의 지배권을 갖기 위하여 벌인 황제黃帝와 변방의 치우蚩尤 두 신간의 전쟁이야기가 전한다. 황제는 중원의 지배자로 응룡應龍과 그의 딸 발魃(가뭄의 신)로 하여금 치우 · 풍백風伯 · 우사雨師와 전쟁을 벌였으며 이 전쟁에서 치우가 죽자 황제는 여러 종족의 조상이자 문명의 창시자가 되었다는 내용이다.

이 중 흥미로운 점은 치우를 도왔던 풍백, 우사, 운사가 환웅桓雄을 도와 고조선 건국에도 참여했다는 점이다. 이점은 학자들이 중국의 신화가 우리 고대문화와도 연관되어 있다고 보는 대목이라 할 수 있다.

『삼국유사』에 의하면 '널리 사람을 이롭게 한다'는 홍익인간弘益人間의 건국이념 하에 환웅이 풍백, 우사, 운사 세 신과 3천명의 무리를 거느리고 인간 세상에 내려와 인간의 일을 맡아 세상을 교화하였다고 하였다. 이때 함께 내려온 신들 중 우두머리는 '우두머리 백伯'자를 쓰는 바람의 신 풍백일 것이다. 『예기禮記』에 의하면 백伯은 5관의 우두머리에 해당하는 높은 직급으로, 이 명칭이 관직명이라고 할지라도 그만큼 나라의 건국과 농업사회 운영에 있어 바람이 중요한 위치를 차지하고 있음을 보여준다.

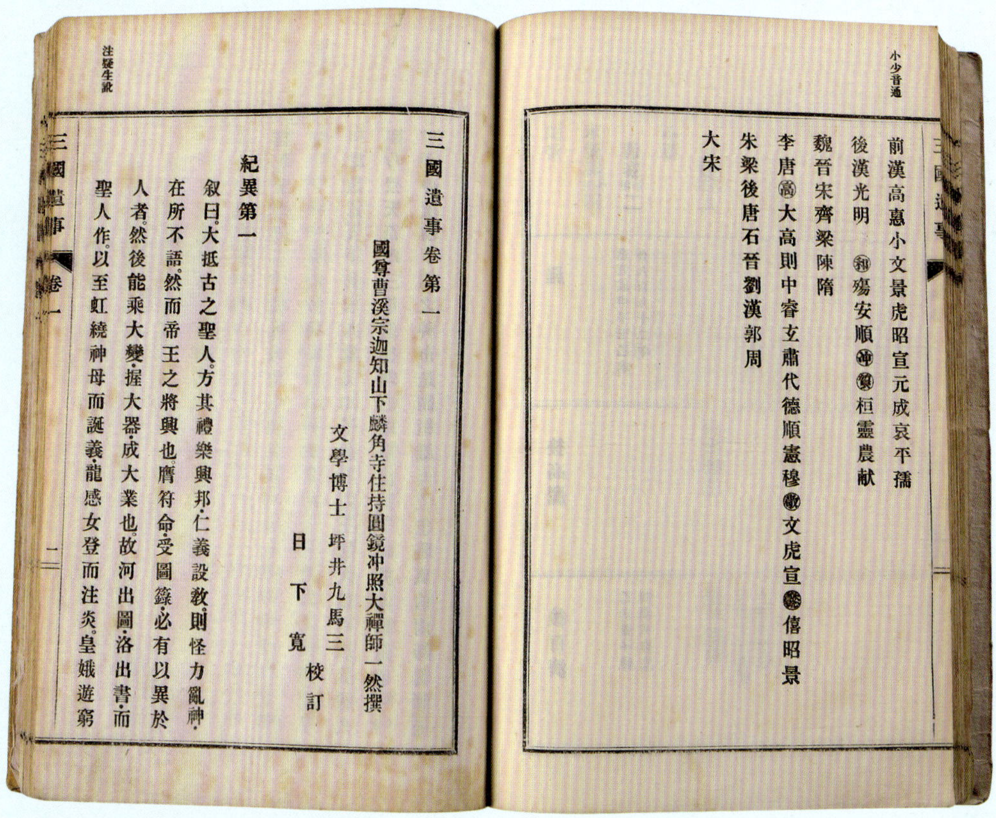

4. 『삼국유사』, 일연, 대한제국 1904년, 국립중앙박물관

우리나라 제주도에도 영등신이라고 하는 바람의 신이 존재한다. 영등신은 강남천자국 또는 외눈박이섬[一目人島]에 사는 신으로 매년 음력 2월 초하룻날 제주에 찾아왔다가 이달 15일에 본국으로 돌아간다고 한다. 본풀이 등에 의하면 영등대왕, 영등하르방, 영등할망, 영등호장 등 일곱 신위가 있다고 전하며 이 중 대표적인 것이 영등할망이다. 영등할망은 제주에 들어와 미역과 해산물의 씨를 뿌려주는 풍어의 신이자 해상의 안전을 지켜주는 어업의 신이다.

제주 사람들은 마지막 꽃샘추위가 찾아오는 시기에 매서운 바람을 타고 영등신이 찾아온다고 상상했으며 제주에 머무는 동안 곡식과 해산물의 씨앗을 뿌려 풍요로움을 선사해 준다고 믿는다. 이는 제주 사람들이 계절의 변화와 바람의 특성을 잘 이해하고 있으며 바람에 대한 경배를 담고 있음을 보여준다.

5. 제주 칠머리당 영등굿 모습, 2016년, 국립제주박물관

참고문헌

김순이, 『제주도신화전설』, 제주문화, 2001.

닐 게이먼 지음, 박선령 옮김, 『북유럽신화』, 나무의 철학, 2017.

베로니카 이온스 지음, 심재훈 옮김, 『이집트신화』, 범우사, 2003.

진성기, 『신화와 전설』, 제주민속연구소, 2001.

제주특별자치도 · 제주연구원 제주학연구센터, 『제주학개론』, 하나CNC, 2017.

제카리아 시친 지음, 이근영 옮김, 『수메르, 혹은 신들의 고향』, 도서출판 AK, 2004.

토마스 블핀치, 김경희 옮김, 『그리스로마신화』, 브라운 힐, 2020.

한국민족문화대백과 http:encykorea.aks.ac.kr.

한진오, 『모든 것의 처음, 신화』, 한그루, 2019.

현경미, 『인도, 신화로 말하다』, 도래, 2015.

현용준, 『제주도 전설』, 서문당, 1976.

Report 2 태풍과 걸어온 기상관측의 역사

다양한 기상현상은 사람의 생활과 밀접하기 때문에 고대부터 기상을 관찰하고 이해하기 위해 노력해 왔다. 이를 위해 다양한 의례를 지내기도 하였는데, 기상재해는 당시 정치, 외교, 전쟁과 같은 주요 사안과 함께 다루어질 만큼 국가 운영과 민생 안전에 매우 중요한 부분이었기 때문이다. 기상재해 중 대표적인 것이 가뭄, 홍수, 바람과 태풍, 지진 등이었고 미리 대비하고자 하였기 때문에 옛 문헌을 살펴보면 다양한 재해에 대한 기록이 수록되어 있다. 바람의 피해에 대한 첫 기록은 고구려 모본왕 때로 확인되며 『삼국사기』에는 약 900여 회에 달하는 다양한 자연재해가 기록되어 있다. 특히 태풍에 대한 기록은 약 10건으로 기와가 날아가거나 나무가 뽑힐 정도로 센 바람이었다고 한다.

조선시대에도 태풍의 피해는 심각하였다. 특히 『조선왕조실록』에 대풍의 피해가 700여 건이 나올 정도이니, 바람이 얼마나 많은 피해를 주었는지 알 수 있다. 조선시대는 기상관측부서인 관상감觀象監이 운영되었고 다양한 기상관측기기들이 만들어지는 등 기상관측 분야의 전성기였다.

세종 대에는 조선의 실정에 맞는 관측기기가 발명되었고 이를 통해 역서가 발간되기도 하였다. 『증보문헌비고』의 「상위고象緯考」에는 바람을 관측하는 풍기대風旗臺에 대한 기록이 있다. 조선시대 동궐도를 들여다보면 인정전 외 장독대와 우물, 관측기기 등도 세심하게 그려져 있고 세자가 공부하는 중희당 앞마당에 풍기, 해시계, 간의, 측우기가 설치되어 있음을 알 수 있다.
조선시대의 제주도의 태풍 피해 첫 사례로 태종 5년(1405)에 큰 나무가 뽑히고 말들도 표류되었으며 20여 척의 배도 파손되었다는 기록이 있다. 또 현종 때에는 태풍 때문에 홍성과 누각이 바다로 떠내려갔을 정도라고 한다. 1792년 이후 태풍과 같은 재해로 제주의 대기근이 발생하자 제주 여성 김만덕이 백성을 위해 구휼활동을 하기도 하는 등 제주 여성의 활동상을 확인할 수도 있다.

키워드 : 기상, 의례, 피해, 관상감, 풍기대

역사기록 속 기상재해와 태풍

삼국시대부터 사람들은 하늘에서 일어나는 기상현상에 대하여 관찰하기 시작하였다. 천문과 기상을 담당하는 관청과 관측기기를 만들었으며 구름雲氣, 안개霜異, 천둥雷震, 가뭄, 눈, 지진, 서리, 우박, 홍수, 바람(폭풍), 무설無雪, 흙비土雨, 무지개白虹, 황사土雨, 오로라赤氣 등과 같은 기상현상과 재해를 기록하여 하늘의 뜻을 읽고 백성들의 안위를 보살피고자 하였다. 기상재해는 당시 정치, 외교, 전쟁과 같은 주요 사안과 함께 다루어질 만큼 국가 운영과 민생 안전에 매우 중요한 부분이었다. 기상재해 중 대표적인 것이 가뭄, 홍수, 바람과 태풍, 지진 등이다. 이 중 바람의 피해에 대한 첫 기록은 고구려 모본왕 때 이며 이후 고려시대를 거쳐 조선시대에 이르기까지 그 피해가 빈번했다. 『조선왕조실록』에 대풍과 관련된 검색어는 약 700여 건이다. 이들 중에는 높새바람, 폭풍 등이 함께 혼재되어 있으나 바람이 주는 큰 피해를 짐작해 볼 수 있다. 이러한 재해는 왕이 가혹한 정치를 할 때 나타난다고 여겼으며 왕은 선정善政이 곧 군주의 덕치로 여겨 백성에게 선정을 베풀어 민심을 달랬다. 왕들은 연회를 금지하거나 태풍의 해를 입은 고을에 공물을 면제토록 했으며 쌀과 종자를 지원하여 구제했다. 또한 보고를 제 때 하지 못한 관리에게는 책임을 물어 문책했으며 왕과 신하들은 재해의 원인을 자신의 허물로 돌렸다.

* 03

삼국사기 三國史記

Samguksagi, The History of Three Kingdoms

김부식金富軾
조선 1145년
목판본
옥산서원
국보 제322-1호

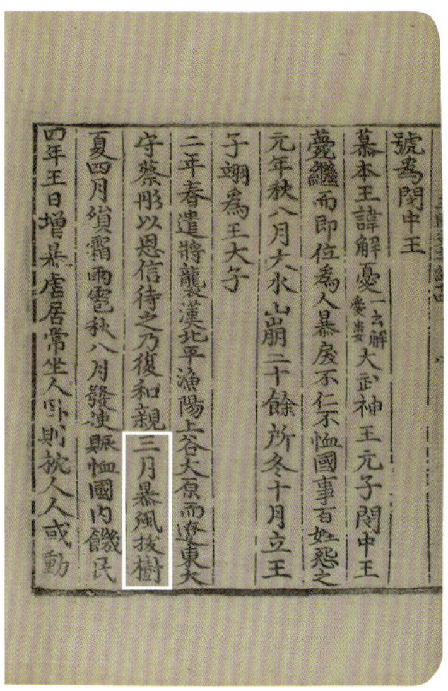

『삼국사기』 14권, 「고구려본기」 2, 모본왕 2년(49)
3월에 폭풍이 불어 나무가 뽑혀 나갔다.
三月 暴風拔樹.

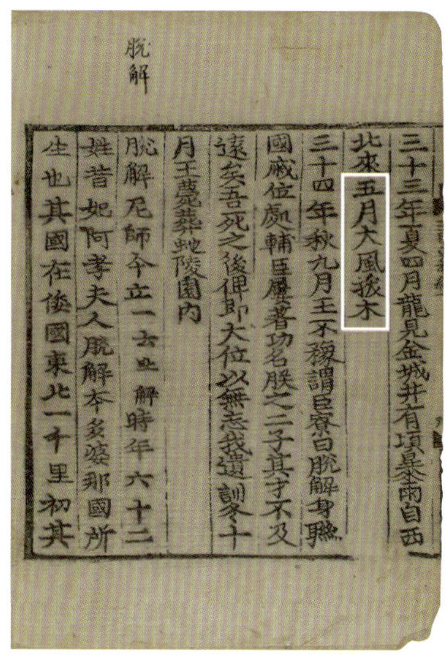

『삼국사기』 1권, 「신라본기」 1, 유리이사금 33년(56)
5월 큰 바람이 불어 나무가 뽑혔다.
五月 大風拔木.

『삼국사기』는 편년체로 이루어진 삼국시대 역사서이다. 이 책에는 삼국시대에 일어난 다양한 자연재해에 대해 기록되어 있으며 그 횟수도 900여 회에 달한다. 이 중 대표적인 기상재해는 가뭄, 홍수, 우박, 지진, 태풍 등이며 태풍은 '대풍大風', '폭풍暴風'이라 표기하였다. 연중 부는 큰 바람의 경우에도 대풍이라 표기하고 있어 실제 태풍과 구분은 명확하지 않다. 그러나 음력 4~9월에 해당하는 대풍 기록은 태풍이 불어오는 여름과 가을에 해당되기 때문에 이는 태풍으로 간주할 수 있다. 태풍에 대한 기록은 약 10건이 확인되며 '대풍비옥와大風飛屋瓦', '대풍발목大風拔木'과 같이, 기와가 날아가거나 나무가 뽑힐 정도로 센 바람이었다고 기록하고 있다.

* 04

태종실록 太宗實錄

Taejongsillok, Veritable Records of King Taejong

변계량卞季良(1369~1430) 등
조선 1431년
43.4×31.2
국가기록원 부산역사기록관

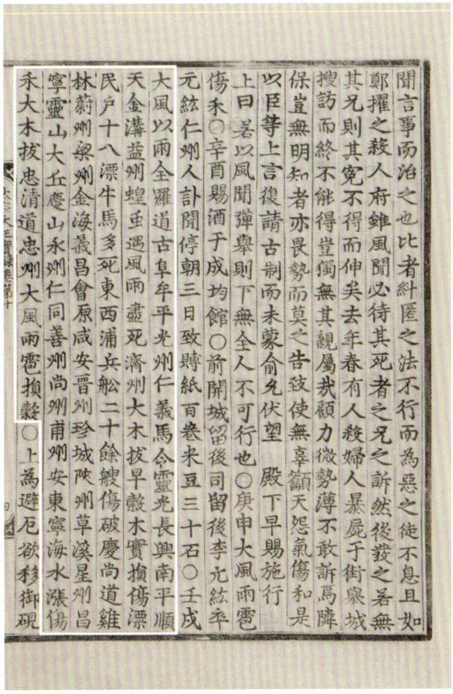

『태종실록』 10권, 태종 5년(1405) 7월 29일

크게 바람이 불고 비가 내리었는데, 전라도의 고부古阜 · 모평牟平 · 광주光州 · 인의仁義 · 마령馬令 · 영광靈光 · 장흥長興 · 남평南平 · 순천順天 · 금구金溝 · 익주益州에 황충蝗蟲이 바람과 비를 만나 모조리 죽었고, 제주에 큰 나무가 뽑히고, 밭 곡식과 나무 열매가 손실되었으며, 표몰漂沒된 민호民戶가 18호요, 우마牛馬가 표류되어 많이 죽었고, 동 · 서포東西浦의 병선 20여 척이 파괴되었으며, 경상도의 계림鷄林 · 울주蔚州 · 양주梁州 · 김해金海 · 의창義昌 · 회원會原 · 함안咸安 · 진주晉州 · 진성珍城 · 합주陜州 · 초계草溪 · 성주星州 · 창녕昌寧 · 영산靈山 · 대구大邱 · 경산慶山 · 영주永州 · 인동仁同 · 선주善州 · 상주尙州 · 보주甫州 · 안동安東 · 영해寧海에 물이 범람하여 화곡禾穀을 상하고, 큰 나무가 뽑히었다. 충청도 충주忠州에 크게 바람이 불고, 우박이 내리어 곡식을 손상시키었다.

大風以雨. 全羅道 古阜, 牟平, 光州, 仁義, 馬令, 靈光, 長興, 南平, 順天, 金溝, 益州, 蝗蟲遇風雨盡死. 濟州大木拔, 早穀木實損傷, 漂民戶十八, 漂牛馬多死, 東西浦兵船二十餘艘傷破. 慶尙道 雞林, 蔚州, 梁州, 金海, 義昌, 會原, 咸安, 晋州, 珍城, 陜州, 草溪, 星州, 昌寧, 靈山, 大丘, 慶山, 永州, 仁同, 善州, 尙州, 甫州, 安東, 寧海, 水漲傷禾, 大木拔. 忠淸道 忠州, 大風雨雹損穀.

* 05

명종실록 明宗實錄

Myeongjongsillok, Veritable Records of King Myeongjong

홍섬洪暹(1504~1585) 등
조선 1571년
43.4×31.2
국가기록원 부산역사기록관

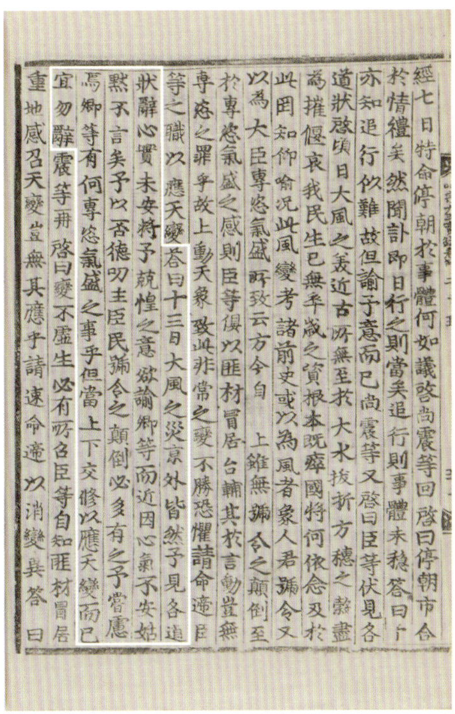

『명종실록』 25권, 명종 14년(1559) 6월 22일

… (왕이) 답하기를, "13일 태풍의 재변은 서울이나 지방이 모두 그렇다. 내가 각도의 장계를 보고 마음이 참으로 미안하여 나의 황공스러운 뜻을 가지고 경들에게 하유하려고 하다가 요사이 심기心氣가 편치 못하여 당분간 잠자코 말하지 아니하였다. 내가 덕이 없는 사람으로서 외람되게 신민臣民들의 임금이 되어 있으니, 호령의 잘못이 반드시 많을 것이다. 내 진작부터 그것을 염려하였다. 경들에게 어찌 제멋대로 방자하여 기세가 강성한 일이 있겠는가. 다만 마땅히 위아래가 서로 덕을 닦아 하늘의 재변에 대처해야 할 뿐이다. 사직하지 말라." …

… "答曰: 十三日大風之災, 京外皆然. 予見各道狀辭, 心實未安, 將予兢惶之意, 欲諭卿等, 而近因心氣不安, 姑默 不言矣. 予以否德, 叨主臣民, 號令之顚倒, 必多有之, 予嘗慮焉. 卿等有何專恣氣盛之事乎? 但當上下交修, 以應天變而已. 宜勿辭." …

기상을 관측하고 신을 경배하다

조선시대에는 기상현상에 대한 객관적인 탐구, 천체의 운행과 자연의 질서를 관찰해 그 안에 숨겨진 하늘의 뜻을 찾아내고자 하였다. 조선 초기부터 관상감觀象監에서는 천문 · 지리 · 기상과 관련된 일을 담당하였으며 세종 대에는 조선의 실정에 맞는 관측기기가 발명되었고 이를 통해 역서가 발간되기도 하였다. 『증보문헌비고』의 「상위고象緯考」에는 바람을 관측하는 풍기대風旗臺에 대한 기록이 있다. 풍기대는 대석에 기둥을 세우고 그 가운데 깃발을 꽂아 바람의 방향을 관측하던 기상관측기의 하나로 왕이 궁궐 내에서 거동할 때 바람의 방향에 따라 어떤 문으로 행차할지를 결정하기 위해서 활용했다. 이처럼 풍기를 이용하여 바람을 관측한 것은 세종 때 제도화 한 것으로 보인다. 한편 국가에서는 농사를 관장하는 풍운뇌우風雲雷雨 즉, 바람, 구름, 우레, 비의 신에게 중사中祀로 제사를 지냈다.

사진4 경복궁 풍기대, 경복궁내, 전체높이 224.3cm, 문화재청 국가문화유산포털, 보물 제847호

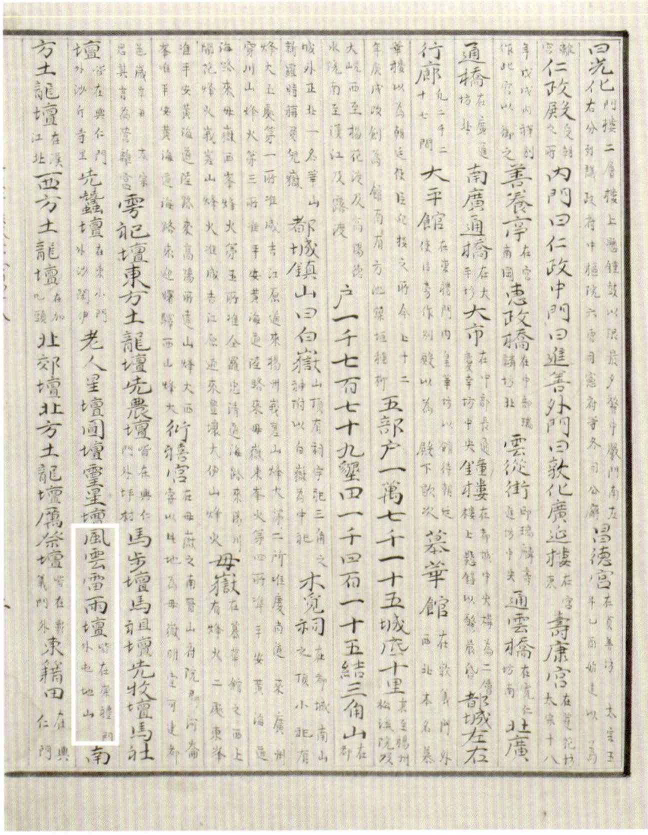

* 06

세종실록지리지 世宗實錄地理志

SejongsillokChiriji, The Treaatise on Geography in King Sejong's Reign

조선 1454년
43.4×31.2
국가기록원 부산역사기록관

『세종실록』 148권, 지리지 경도 한성부

풍운뇌우단은 도성의 남쪽인 숭례문 밖 둔지산屯地山에 자리 잡고 있다.

風雲雷雨壇, 皆在崇禮門外.

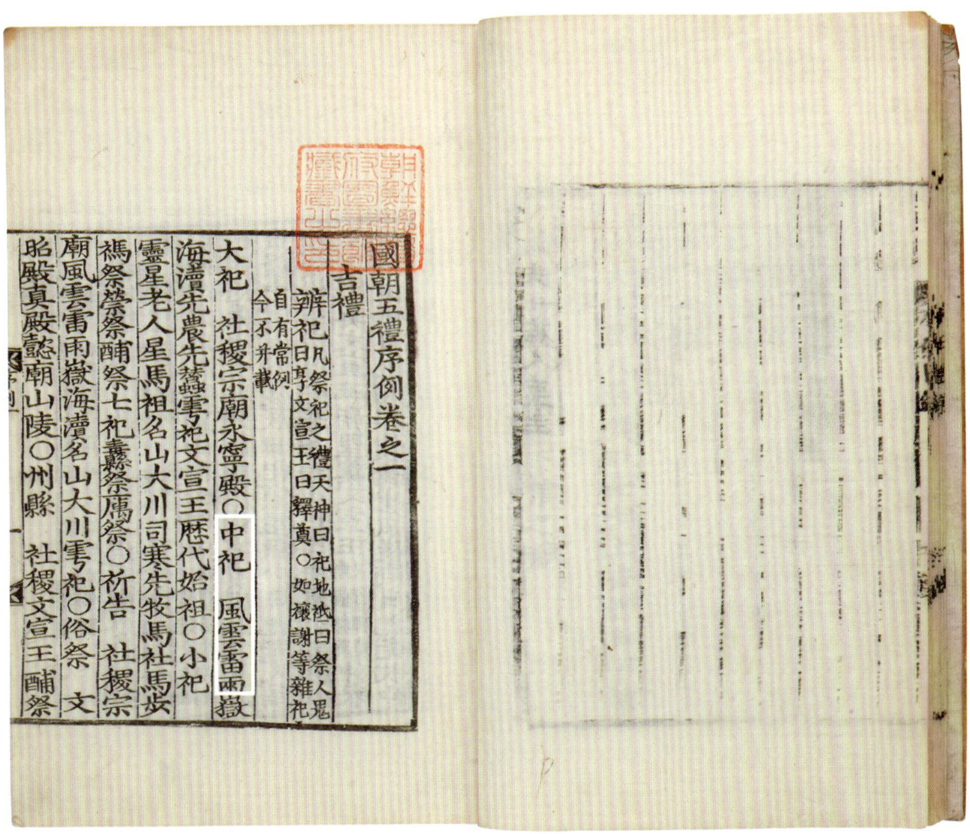

* 07

국조오례의서례 國朝五禮儀序禮

Gukjooryeuiseorye, The Illustrated Reference Book of the Five Rites of State

신숙주申叔舟(1417~1475) 등
조선
목판본
31.6×23.0
국립중앙도서관

중사 中祀

풍운뇌우 風雲雷雨

이 그림은 동궐인 창덕궁과 창경궁을 그린 그림이다. 창덕궁의 정전인 인정전을 포함하여 각 건물의 배치, 건물간의 거리, 세부적인 사항까지 모두 그려 넣어 설계도에 가깝다. 심지어 장독대와 우물, 관측기기도 세심하게 그려져 있다. 이 중 세자가 공부하는 중희당 앞마당에 풍기, 해시계, 간의, 측우기가 설치되어 있음을 알 수 있다.

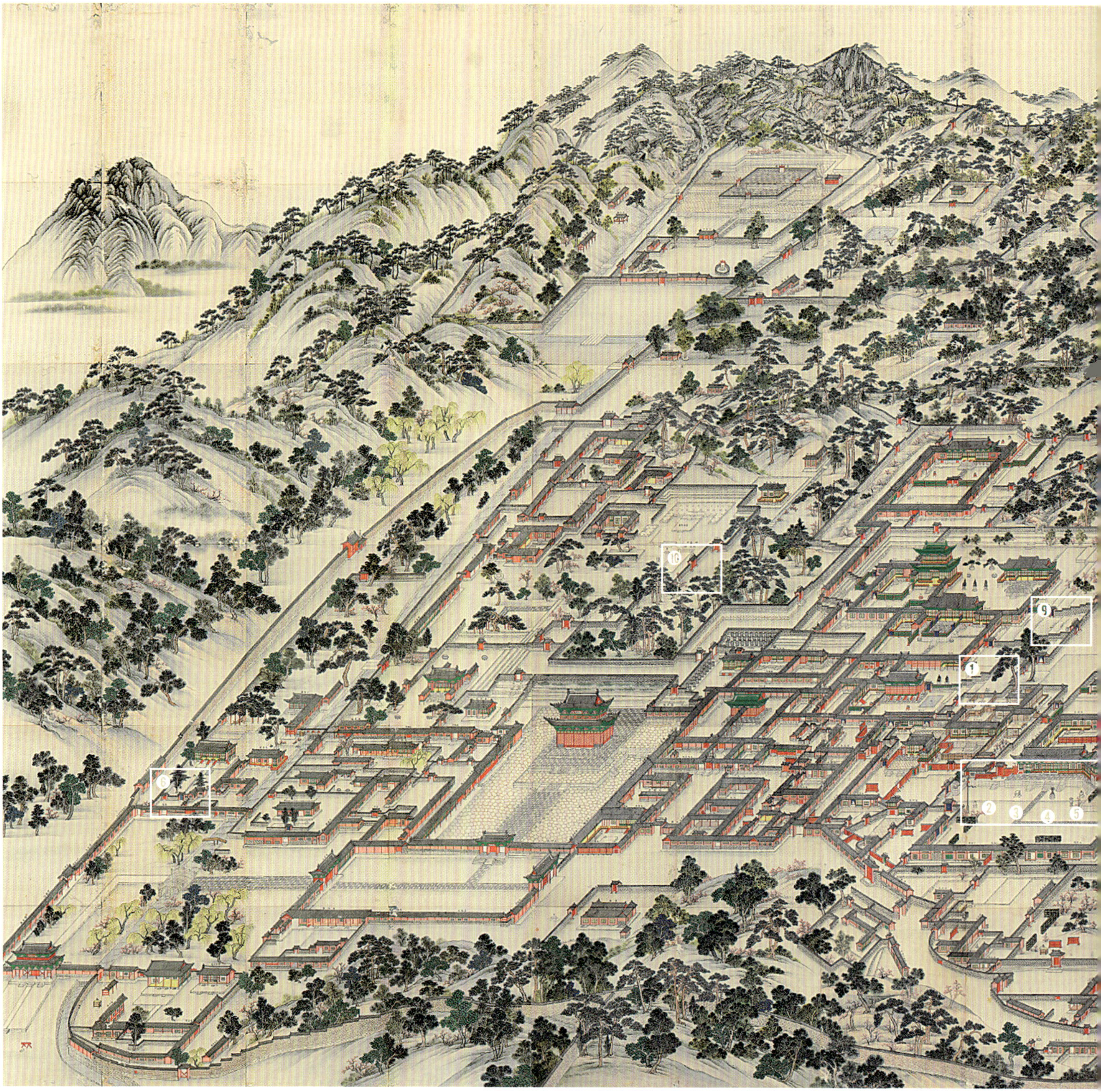

『2012 기상역사자료집』(기상청 국립기상연구소 발간)의 자료 재정리

천문기상관측시설

❶ 일영 : 해시계 ❷ 풍기 : 바람 관측 ❸ 해시계 받침대
❹ 간의 : 별의 운행 측정 ❺❻ 측우기 : 빗물 측정 ❼ 관천대 : 천체 관측
❽ 보루각 터 : 물시계(자격루) 관리 ❾❿ 풍기석

* 08 **동궐도** 東闕圖

Donggwoldo, The Picture of the East Palace

조선 19세기
비단에 채색
273.0×576.0
고려대박물관
국보 제249호

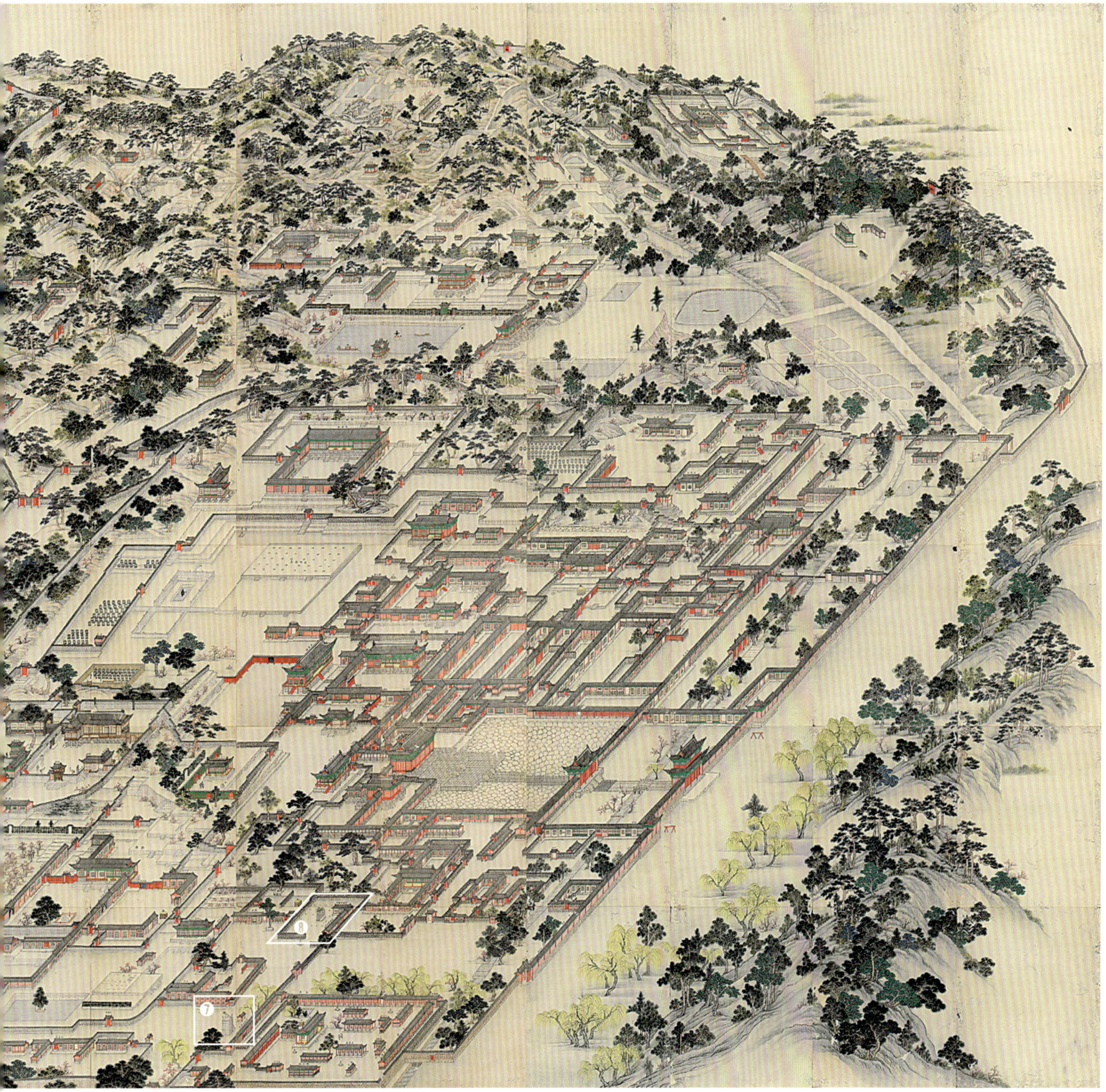

COLUMN

한국건설기술연구원
과학기술연합대학원대학교
대표교수
김현준

"사라"보다 강했던 조선시대의 태풍

1. 머리말

루사RUSA, 매미MAEMI, 사라SARAH, 베티BETTY… 한반도를 강한 바람과 폭우로 휩쓸고 지나가며 많은 인명피해와 재산손실을 기록하였던 태풍들이다. 제주도는 지리적으로 태풍의 길목에 위치하여 이들 태풍을 온몸으로 맞았다. 특히, 1959년 추석날에 상륙한 사라는 전국적으로도 849명의 사망 · 실종을 기록하였는데, 제주도에서도 118명(사망 11명, 부상자 107명)의 인명피해가 있었고, 7,500세대 33,000여 명의 이재민이 발생하여 제주도민에게는 가장 큰 재앙으로 기억되고 있다.

고고학자 브라이언 페이건Brian Pagan은 『기후는 역사를 어떻게 만들었는가The little ice age - How Climate made history』에서 1300년부터 1850년까지의 세계적인 기상이변에 대하여 소개하고 있다. 그는 소빙하기로부터 배워야 할 교훈으로, 기후변화는 갑자기 발생한다는 것과 기후는 인간의 역사에 관여한다는 점을 강조하였다. 과거의 기상이변이나 자연재해를 이해하는 것은 미래를 준비하는 방안이 될 수 있다. 우리의 역사기록에서도 그러한 사실들을 살펴 볼 수 있다. 조선왕조실록에는 자연재해에 대한 기록들도 포함되어 있다. 특히 홍수, 가뭄, 지진, 해일, 폭설, 황사 등 특이한 자연현상에 대해서 상세하게 기록되어 있다. 때로는 피해 지역과 규모 및 복구 대책 등에 대한 지원, 사전에 준비해야 할 내용 등도 수록하고 있다. 본고에서는 조선시대에 발생한 주요 태풍과 제주도 지역의 피해에 대하여 소개하고자 한다.

2. 조선시대의 태풍기록

조선왕조실록과 고종 · 순종실록에서 태풍颱風, 대풍大風, 구풍颶風을 검색어로 찾아본 태풍과 관련된 기록은 모두 177건이나 되었다. 이들을 왕대별로 살펴보면 명종(1545~1567) 대에 29회로 가장 많았고, 정종, 문종, 단종, 예종, 경종, 철종 대에는 기록이 없었다. 이들 중에 전국적인 피해규모나 사후 수습과정이 상세히 기록된 1603년(선조 36년)과 1605년(선조 38년)의 기록을 눈여겨 볼만하다.[1] 이들 태풍 피해 지역과 2000년을 들어서며 전국적으로 많은 피해를 초래하였던 루사(2002년)와 매미(2003년)의 피해지역을 비교하면 태풍의 상륙 및 이동 경로를 추측하여 볼 수 있다(그림 1 참조).

선조 36년 7월 3일에 발생한 태풍은 그 피해가 경상도와 전라도에 걸쳐서 대규모로 발생하였던 것으로 보인다.[2] 태풍 피해에 대한 처음 보고는 전라좌도 수사 안위가 보고하였다(선조 36년 7월 18일). 7월 3일 2경(밤 9시부터 11시)부터 거센 바람이 일었다고 하였다. 7월 20일에는 경상도 관찰사 이시발이 보고하기를 7월 3일 초저녁에 큰 바람이 불기 시작하여 4일 오후에야 그쳤다고 하였고, 진주, 창원, 상주 등이

1 조선시대에 발생한 홍수, 태풍 등의 자연재해 기록은 "김현준, 『조선시대 홍수 기록 조사』, 한국건설기술연구원, 1999, p. 92", "김현준, 「한반도의 태풍 역사 소고(小考)」, 『방재정보』, 2010, pp. 32~42" 등에서 찾아볼 수 있다.

2 『宣祖實錄』 권164, 宣祖 36년 7월 壬申, 甲戌, 丁丑, 戊寅, 庚辰, http://silok.history.go.kr.

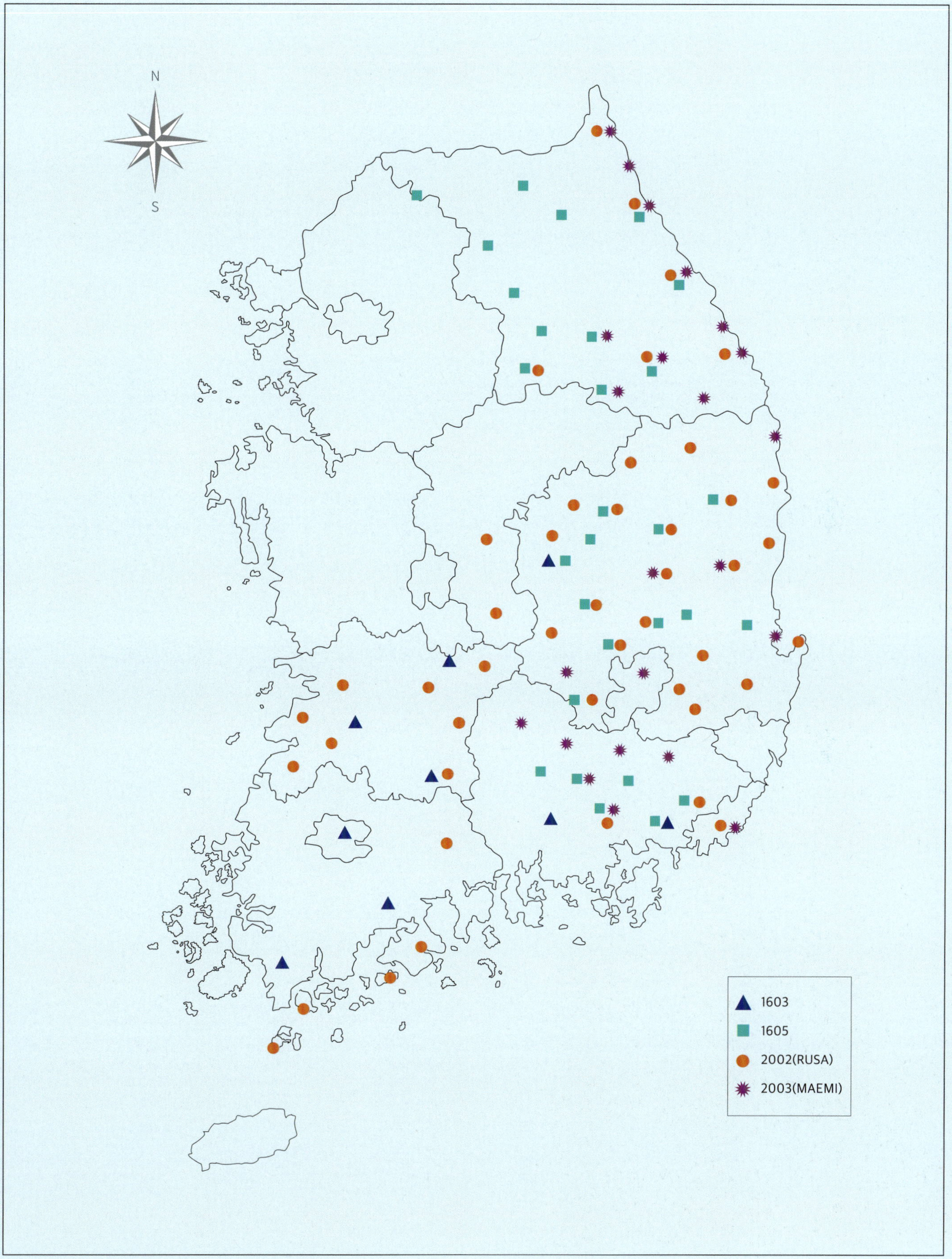

1. 조선시대 태풍과 최근 태풍의 피해 지역 비교, 김현준, 2010

심하였다고 하였다. 7월 23일에는 안위가 피해 상황을 종합하여 다시 보고하였으며, 7월 24일에는 전라도 관찰사가 보성, 해남, 남원, 광주, 태인, 용담 등에 피해가 있음을 보고하였고, 7월 26일에도 통제사가 거듭 보고하였다. 이러한 보고 상황을 정리하여 보면 태풍은 7월 3일 초저녁에 경상도 남해안으로 시작하여 7월 4일 오후까지 전라도와 충청도 내륙 일대를 강타한 것으로 추측되며, 많은 전선戰船이 파손되고 인명과 가축이 살상되었고, 가옥과 전답이 유실되었다.

선조 38년 7월 23일에 발생한 태풍에 경상도, 강원도, 황해도와 함경도의 홍수 피해가 극심하였는데, 강원도 영서의 영월, 정선, 춘천, 평창, 인제, 원주, 횡성 등 고을의 피해가 컸다. 20일(1605/09/03) 밤에는 비가 억수같이 내리더니 갑자기 큰 홍수가 져 객사와 관청, 군기軍器 · 창곡倉穀을 휩쓸어 버렸고, 크게는 사찰과 작게는 촌락이 물이 지나친 곳은 모조리 쓸려나갔으며 우마牛馬와 가재도구도 남김없이 모두 익사하거나 떠내려갔다. 50~60년 이래 경진년庚辰年의 수재가 크다고 하였으나 지금과 같지는 않았다. 피해가 얼마나 컸었던지 잔파된 상황이 임진년壬辰年의 적화賊火에 분탕질 당했을 때보다도 더 심했다고 하였다.[3]

3. 조선시대 제주도의 태풍피해

제주도의 태풍 피해에 대해서 처음으로 기록된 것은 태종 때이다.[4] 태종 5년(1405년) 8월 29일의 기록에 강풍과 폭우로 전라, 경상, 충청, 제주 등지에 재해가 발생하였는데, 제주에 큰 나무가 뽑히고 밭곡식과 나무 열매가 손실되었고 표몰漂沒된 민가가 18호나 되고, 우마牛馬가 표류되어 죽었고, 동 · 서포東西浦의 병선兵船 20여 척이 파괴되었다고 하였다.

선조 36년(1603년)에는 전국적인 태풍 피해가 있었는데, 제주도 예외는 아니었다. 비변사에서 제주 3고을이 풍재風災와 수재水災를 혹독하게 입어 화곡禾穀이 크게 흉작인 데다 충재蟲災까지 심하게 겹쳤으므로, 해남 등의 미곡 3천 석을 운송해 줄 것을 조정에 요청하였다. 선조 37년 3월에 구황어사救荒御使 조성립을 파견하여 900여명의 기민飢民을 구제하고 30여 곳에 진휼을 위한 진제장賑濟場을 설치하였다. 또한 유실마流失馬가 많아서 번성할 때는 1만여 필이나 되던 것이 4천 8백 필만 남았다고 하였다.[5]

현종 11년(1670년) 9월에, 제주목사 노정이 보고하였다.[6] "7월 27일, 강풍과 폭우가 일시에 닥쳐, 강물이 터진 듯 하였으며 소리가 우레와 같았습니다. 하룻밤 사이에 큰물이 갑자기 불어나 수구水口의 홍성虹城과 누각까지 아울러 무너져 바다 속으로 떠내려갔으며, 침수된 민가가 아주 많고 물에 빠져 죽은 자가 6명입니다. 밝은 대낮이 컴컴해졌고 성난 파도가 포말을 내뿜었는데 비처럼 흩날려 온 산과 들에 가득하였으며, 사람이 그 기운을 호흡하면 꼭 짠물을 마시는 것 같았습니다. 초목은 소금에 절인 것 같고, 서리와 눈에 죽지 않는 귤 · 유자 · 소나무 · 대나무 등이 마르지 않은 것이 없으니, 이른바 땅위에 초목이라는 것은 모두 조금의 생기도 없습니다. 각종 나무 열매는 거의 다 떨어지고 기장, 조와 콩 등은 줄기와 잎이 모두 말랐습니다. 농민들이 서로 모여 곳곳에서 울부짖고 있으니, 섬 안에 인간이 앞으로 씨가 마르게 되었습니다. 이는 실로 만고에 없었던 참혹한 재변이니, 앞으로의 구제를 어찌해야 할지 모르겠습니다."하며 태풍 피해의 모습을 상세히 기록하였다.

3 『宣祖實錄』 권189, 宣祖 38년 7월 乙未, 丙申, 辛丑, 8월 癸卯, 己酉, 庚戌, 辛亥, http://silok.history.go.kr.

4 『太宗實錄』 권10, 太宗 5년 7월 壬戌, http://silok.history.go.kr.

5 『宣祖實錄』 권168, 宣祖 36년 11월 庚申, 권171, 宣祖 37년 2월 壬午, 권173, 宣祖 4월 己亥, http://silok.history.go.kr.

6 『顯宗實錄』 권18, 顯宗 11년 9월 癸亥, http://silok.history.go.kr.

숙종 39년(1713년) 9월에도 제주, 대정, 정의에 큰 바람이 불고 비가 와서 바다와 산을 뒤흔들어 나무가 부러지고 집이 무너졌는데, 무너진 인가가 2천여 호나 되었고 사람이 또한 많이 압사하고, 우마 4백여 필이 죽었다고 하였다.[7]

정조 18년(1794년) 10월에 제주목사 심낙수가 태풍의 피해에 대하여 보고하였다.[8] "8월 27일 큰바람이 분 뒤에 온 섬이 비로 쓴 듯하여 피차간에 별로 구별할 만한 것이 없게 되었습니다. 본주의 78개 리里 중에 피해가 심한 마을이 32곳이고 대정현과 정의현도 모두 더욱 심한 편입니다." 조정에서는 익년 1월과 2월에 1만여 석의 곡식을 실은 전운선轉運船을 보냈으나, 이마저도 풍랑에 두 번이나 침몰하게 되어, 세 번째 곡식을 보내어 진휼을 하였다. 제주도에는 1792년부터 연이은 자연재해로 대기근이 발생하였고 인구의 20~30%가 감소했다.[9] 이 때, 기녀출신의 상인 김만덕은 자신의 전 재산으로 배를 마련하고 육지의 곡식을 구매하여 백성들의 구휼을 돕기도 하였다. 정조는 그녀의 선행에 대한 보답으로 한양의 궁궐을 둘러보게 하고 금강산 일대를 구경하도록 하였다.[10, 11]

고종 2년(1865년) 가을에 제주목사 양헌수가 지난 7월 21일에 있었던 태풍피해를 보고하였다. 동남풍과 폭우로 나무가 부러지고 집이 무너졌으며, 낡은 민가들이 떠내려갔다. 곡식의 피해도 커서 온 섬이 허허벌판이 되어 수십만의 인구가 굶어죽을 지경이 되었다. 이에 조정에서는 내탕금內帑金 2천 냥을 보내어 진휼을 도왔다.[12]

4. 맺음말

자연 재해는 과거에도 있어 왔고, 현재도 있으며, 앞으로도 발생할 것이다. 선조들이 남겨놓은 역사 기록에서 홍수, 태풍, 가뭄 등 자연재해를 찾아볼 수 있다는 것은 우리나라만이 가지고 있는 유산이다. 이러한 기록들이 현재의 태풍을 이해하는데 도움이 될 수 있다. 역사 기록으로부터 배우려는 노력을 지금보다 더욱 기울여야 하겠다.

7 『肅宗實錄』 권54, 肅宗 39년 9월 壬子, http://silok.history.go.kr.

8 『正祖實錄』 권41, 正祖 18년 10월 丁丑, http://silok.history.go.kr.

9 김오진, 「조선시대 제주도의 이상기후와 문화」, 『푸른길』, 2018, p.276.

10 김만덕기념관, http://www.mandukmuseum.or.kr.

11 『正祖實錄』 권45, 正祖 20년 11월 丙寅, http://silok.history.go.kr.

12 『高宗實錄』 권2, 高宗 2년 9월 甲戌, http://silok.history.go.kr.

Report 3

태풍의 길목, 제주도

제주는 북태평양에서 불어오는 계절풍의 길목에 위치하고 있어 바람의 길목이라고 불린다. 해가 떠 있는 맑은 날 비가 오면 '여우가 시집하고 호랑이가 장가간다'는 말이 있듯이 섬에는 '두 개의 바람이 서로 엇갈리는 것을 바람이 시집간다고 하고 반드시 사흘 안에 비가 온다'는 말이 있다. 바람이 끊이지 않는 제주에는 바람을 부르는 이름이 40여 개가 넘는다. 또 태풍의 이름도 번호를 달아 사용하던 것이 여성의 이름을 주로 사용하다가 태풍위원회에 소속된 14개국의 나라에서 제출한 각 10개의 다양한 주제 이름을 모아 총 140개의 이름을 순번대로 사용한다. 태풍의 이름은 그 피해의 규모에 따라 퇴출당하기도 한다. 또 거칠고 자유로운 바닷바람을 맞이하는 섬은 초가구조와 듬성한 돌담, 신앙에 또 다른 바람을 담았다. 또 태풍과 같은 자연재해로 일어난 표류와 표착으로 외부의 새로운 정보를 얻을 수 있는 기회를 얻기도 하였다.

지구에서 만들어지는 열대저기압은 연간 평균 80개이며 북태평양지역의 태풍은 평균 26개, 이 중 우리나라에 영향을 주는 것은 3~4개 정도이다. 그러나 2019년에는 이례적으로 우리나라에 7개의 태풍이 영향을 주었는데 이는 평균의 2배가 넘는 수이다. 태풍의 이동경로상에 위치한 제주는 우리나라에서

처음으로 태풍을 맞이하는 곳이자 보내는 곳이다. 따라서 태풍의 이동경로, 속도, 함께하는 기상 특성들은 한반도에 많은 정보를 제공하고 있어 우리나라 태풍 예보에 매우 중요한 곳이라 할 수 있다. 그래서 제주에 기상청 예보국 산하의 국가태풍센터가 자리잡고 있다.

조선시대 기상관측기기는 일제강점기에 대부분 사라졌고 대신 무선통신기기를 이용한 근대적인 기상업무가 이루어졌다. 이때 각 지역에 기상대와 관측소가 만들어졌는데 1923년에는 제주지방기상청의 전신인 제주측후소가 세워져 이 지역의 기상관측을 담당하기 시작하였다. 그 때부터 기록하기 시작한 제주기상 연보는 제주 최초의 원부로서 중요한 가치를 지니며 매일 오전 6시, 오후 2시, 오후 10시 세 차례 파악된 기압과 온도, 습도, 풍향 등의 정보를 관측야장에 손으로 기록하였다.

현대에는 최첨단 관측기기와 인공위성을 통해 실시간으로 기상관측하고 이를 분석한 예보가 이루어지고 있다.

키워드 : 제주바람 이름, 태풍 이름, 퇴출, 제주지방기상청, 국가태풍센터, 제주측후소, 기상연보 원부

바람의 섬, 제주

"섬 풍속에 두 개 바람이 서로 엇갈리는 것을
바람이 시집간다고 하여
사흘 안에 반드시 비가 온다고 한다.
뱃사람들은 바람이 자서 파도가 없는 것을 바다가 잤다고 한다."

이 글은 조선 후기의 문신으로 제주도에 의금부도사로 왔던 석북石北 신광수申光洙(1712~1775)가 쓴 「탐라록耽羅錄」에 나오는 글이다. 그는 「탐라록」에 제주의 풍속, 풍토, 탐라에서의 생활 등을 글로 남겼는데 특히 제주 사람들이 바람을 어떻게 인식하고 있는지 보여준다. 제주는 섬이라는 지리적 특성상 일 년 내내 바람이 끊이지 않으며, 한라산에 의해 지역마다 부는 바람의 종류까지 더하면 부르는 호칭만도 40여 개가 넘는다고 한다. 바람은 제주 초가의 구조와 돌담, 농경, 신앙 등 생활 전반에 영향을 주었을 뿐만 아니라 갑작스런 표류와 표착을 일으켜 외부의 새로운 정보를 얻을 수 있는 원인을 제공하기도 한다. 특히 제주는 북태평양에서 불어오는 태풍의 길목에 위치하고 있어 온갖 바람이 부는 '바람의 섬'이라 할 수 있다.

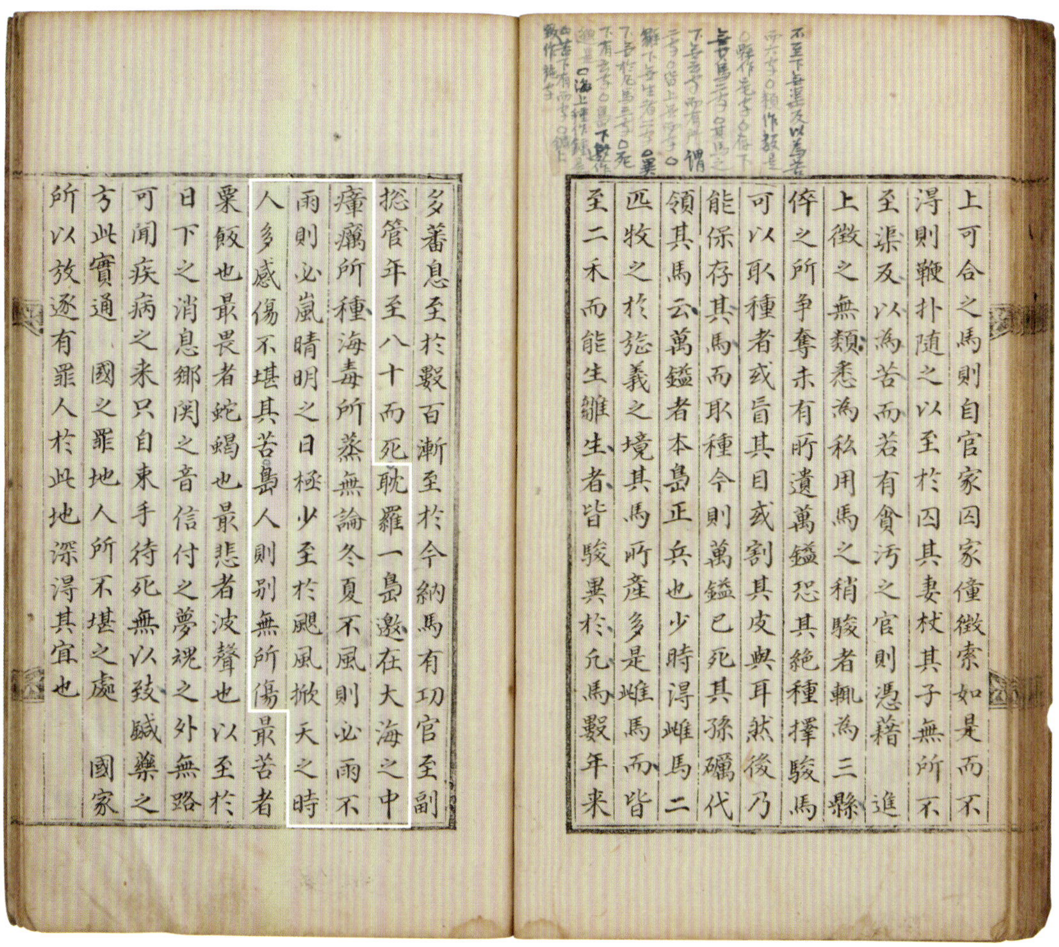
上可合之馬則自官家囚僮徵索如是而不
得則鞭扑隨之以至於囚其妻杖其子無所不
至渠反以為苦而若有貪汚之官則憑藉 進
上徵之無類悉為私用馬之稍駿者輒為三縣
倅之所爭奪亦有所遺萬鎰恐其絶種擇駿馬
可以取種者或盲其目或割其皮與耳然後乃
能保存其馬而取種今則萬鎰已死其孫彌代
領其馬云萬鎰者本島正兵也少時得雌馬二
匹牧之於旌義之境其馬所産多是雌馬而皆
至二禾而能生雛生者皆駿異於凡馬數年来

多蓄息至於數百漸至於今納馬有功官至副
摠管年至八十而死耽羅一島邈在大海之中
瘴癘所種海毒所蒸無論冬夏不風則必雨不
雨則必嵐晴明之日極少至於颶風掀天之時
人多感傷不堪其苦島人則別無所傷最苦者
粟飯也最畏者蛇蝎也最悲者波聲也以至於
日下之消息鄉関之音信付之夢魂之外無路
可聞疾病之來只自束手待死無以致醎藥之
方此實通 國之罪地人所不堪之處 國家
所以放逐有罪人於此地深得其宜也

* 09

규창유고 葵窓遺稿

Gyuchangyugo, Anthology of Lee Geon's Literary Works

이건李健(1614~1662)
조선
필사본
29.1×7.7
국립중앙도서관

이건李健(1614~1662)은 선조의 일곱 번째 아들인 인성군 이공李珙의 셋째 아들이다. 자는 자강子强, 호는 규창葵窓, 봉호는 해원군海原君, 시호는 충효忠孝이다. 12세 때 부친이 대북파에 의해 왕으로 추대된 것이 드러나 사사되었으며 이 일로 모친과 형제들이 제주에서 유배생활을 하였다. 이건의 시문집인 『규창집葵窓集』은 1712년, 1729년 두 차례에 걸쳐 간행되었다. 1896년에는 후손 이원응李元膺이 다시 유고를 보충하여 12권 책으로 책을 간행하였는데 이것이 『규창유고葵窓遺稿』이다. 이 중 「제주풍토기濟州風土記」는 제주도의 풍토와 풍속 등을 기록한 글로 충암 김정의 「제주풍토록濟州風土錄」과 함께 당시 제주를 파악하는데 도움이 되는 귀중한 자료이다.

탐라라는 일개 섬은 아득히 커다란 바다 가운데 있는데 풍토병과 전염병이 뭉쳐 있고,
바다의 해독이 찌는 듯 한 곳이다.
겨울과 여름을 가리지 않고 바람이 불지 않으면 반드시 비가 내리고 비가 내리지 않으면 반드시
산안개가 끼어 맑게 갠 날이 극히 적다. 바다에서 일어나는 회오리바람이 하늘로 솟구쳐 오를 때는
사람들이 마음의 상처를 많이 받아 그 괴로움을 견딜 수 없으나 섬사람들은 별로 근심하는 바가 없다.
… 耽羅一島 邈在大海之中. 瘴癘所種. 海毒所蒸. 無論冬夏. 不風則必雨. 不雨則必嵐. 晴明之日極少.
至於颶風掀天之時. 人多感傷. 不堪其苦. 島人則別無所傷 …

『**규창유고**葵窓遺稿』「**제주풍토기**濟州風土記」 중

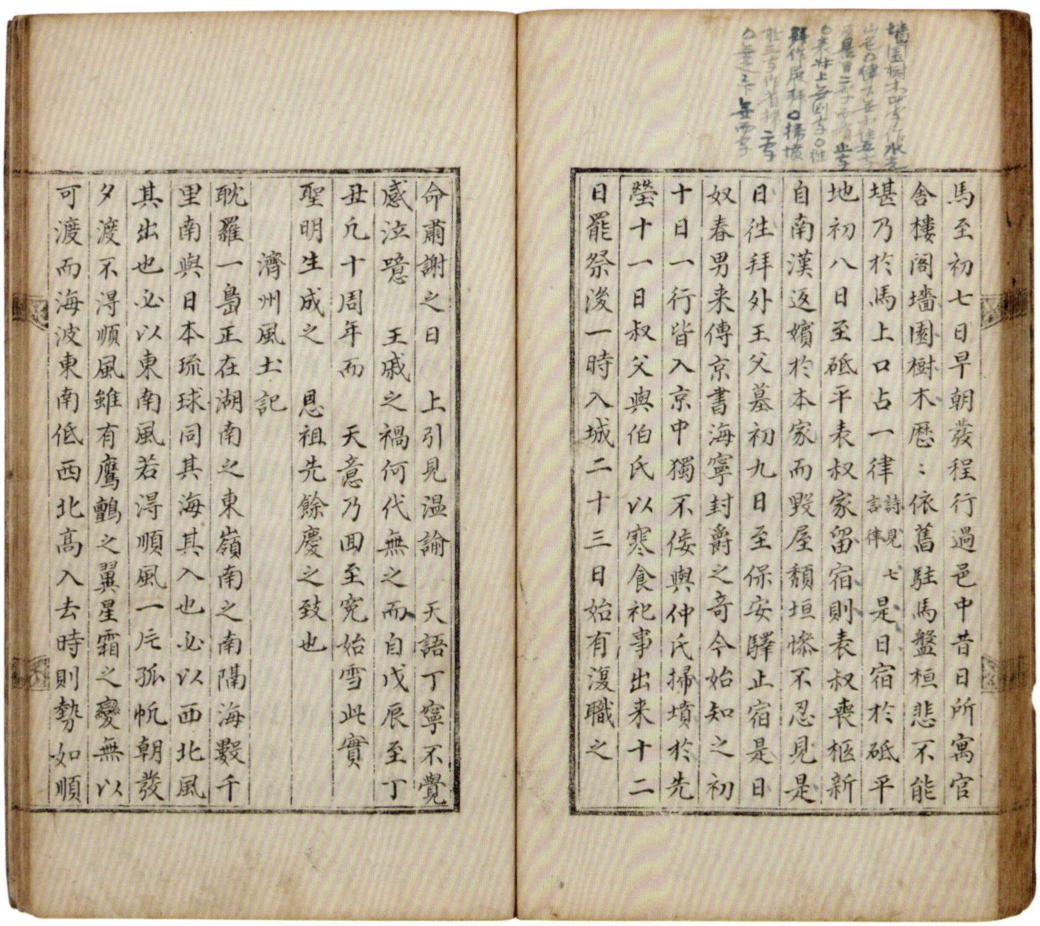
馬至初七日早朝發程行過邑中昔日所寓官
舍樓閣墻園樹木歷歷依舊駐馬盤桓悲不能
堪乃於馬上口占一律 詩見七言律 是日宿於砥平
地初八日至砥平表叔家留宿則表叔喪柩新
自南漢返殯於本家而毁屋頹垣慘不忍見是
日往拜外王父墓初九日至保安驛止宿是日
奴春男來傳京書海寧封爵之奇今始知之初
十日一行皆入京中獨不倭與仲氏掃墳於先
塋十一日叔父與伯氏以寒食祀事出來十二
日罷祭後一時入城二十三日始有復職之
命肅謝之日 上引見溫諭 天語丁寧不覺
感泣嗚 壬戌之禍何代無之而自戊辰至丁
丑九十周年而 天意乃回至冤始雪此實
聖明生成之 恩祖先餘慶之致也
濟州風土記
耽羅一島正在湖南之東嶺南之南陽海數千
里南與日本琉球同其海其入也必以西北風
其出也必以東南風若得順風一片孤帆朝發
夕渡不得順風雖有鷹鶻之翼星霜之變無以
可渡而海波東南低西北高入去時則勢如順

제주의 바람 이름

예로부터 사람들은 동쪽에서 부는 바람을 샛바람이라 불렀다. 이는 '동쪽에서 해가 뜨다'라는 뜻으로 '날이 새다'에서 온 말이다. 남풍은 마파람이라 하는데 남향으로 지은 집에 남풍이 불어오면 집과 바람이 마주보기 때문이라고 한다. 북풍은 높바람이다. 높은데서 불어오는 바람이라는 뜻이며, 매섭게 부는 바람이라 하여 된바람이라고도 한다. 서풍은 하늬바람, 갈바람이라고 한다. 하늬는 서쪽을 뜻하며 갈바람은 가을바람이라는 뜻이다. 또한 태풍은 싹쓸바람이라고 한다.

제주는 지리적으로 북태평양지역에 위치하고 있는 절해고도이다. 따라서 기압과 기압 배치의 변화가 심한 곳에 위치하고 있으며, 바람을 막아 줄 장애물이 없어 연중 바람이 불며 강도 또한 센 곳이다. 그래서 제주를 풍다風多 지역이라 한다. 제주의 경우에는 여름의 동풍과 겨울철의 차가운 북서계절풍이 강하게 불어온다. 이 바람들은 한라산을 만나면 바람의 방향과 세기가 달라지는데 여기에서 많은 이름들이 파생되었다. 바람을 제주어로 'ᄇᆞ름' 또는 'ᄇᆞ름'이라 하는데 아직도 제주 사람들은 15세기에 사용되었던 용어를 현재까지도 사용하고 있다.

사진5 한라산

상황	이름
바람이 조금 세게 불다	건들건들-ᄒᆞ다
바람이 이따금 일다	건득건득-ᄒᆞ다
벽바람	ᄇᆞ름
바람 없는 날	부-날
찬바람	ᄎᆞᆫ-ᄇᆞ름
북쪽에서 오는 바람北風	하늬-ᄇᆞ름
갑자기 이는 바람	ᄇᆞ름-주제
갑자기 이는 초 겨울 산바람	도지-주제
비 · 눈 · 바람 따위가 갑자기 내리거나 이는것	주제
바람 방향이 바꾸어질 무렵 양쪽에서 오는 바람	양도새
북서쪽에서 오는 바람北西風	서하늬-ᄇᆞ름
남서쪽에서 오는 바람南西風	서마-ᄇᆞ름
동쪽에서 오는 바람東風	새-ᄇᆞ름
동북쪽에서 오는 바람東北風	새하늬-ᄇᆞ름

상황	이름
갑작바람	ᄇᆞ름-주제
바람꽃	ᄇᆞ름-구름
바람	ᄇᆞ름
볕이 나고 바람이 부는 것	버렁
남쪽에서 오는 바람南風	마-ᄇᆞ름
남동쪽에서 오는 바람南東風	동마-ᄇᆞ름
갑자기 이는 초겨울 산바람	도지-주제
초겨울의 산바람	도지
회오리바람	도껭이
북북동쪽에서 오는 바람北北東風	놉하늬-ᄇᆞ름
동북동쪽에서 오는 바람東北東風	놉새-ᄇᆞ름
북동쪽에서 오는 바람北東風	놉-ᄇᆞ름
여름 장마철 남쪽에서 강약을 달리하면서 잇달아 오는 바람	건들마-ᄇᆞ름
서쪽에서 오는 바람西風	갈-ᄇᆞ름

태풍과 홍수로 제주성문이 무너지고

제주읍성은 제주목관아를 보호하기 위해 그 주변을 두른 성으로 행정적인 목적 외에 군사적인 목적도 가지고 있다. 동쪽으로 산지천, 서쪽으로 병문천屛門川 사이에 성을 쌓아서 적의 침입에 효과적으로 대응할 수 있도록 하였으나 성 안에 우물이 없어서 백성들이 불편해 하자 중종대 가락천嘉樂川(지금의 산지천) 밖까지 넓혀서 축조하였다. 이후 침수 등의 피해로 간성을 쌓기도 하고 문루를 내는 등 유지되다가 1910년 읍성철폐령으로 철거되기 시작하였다. 4개의 문루가 먼저 철거되고 1920년대 후반 산지천 공사 때 매립용으로 성벽 돌을 사용하여 대부분 훼손되었다.

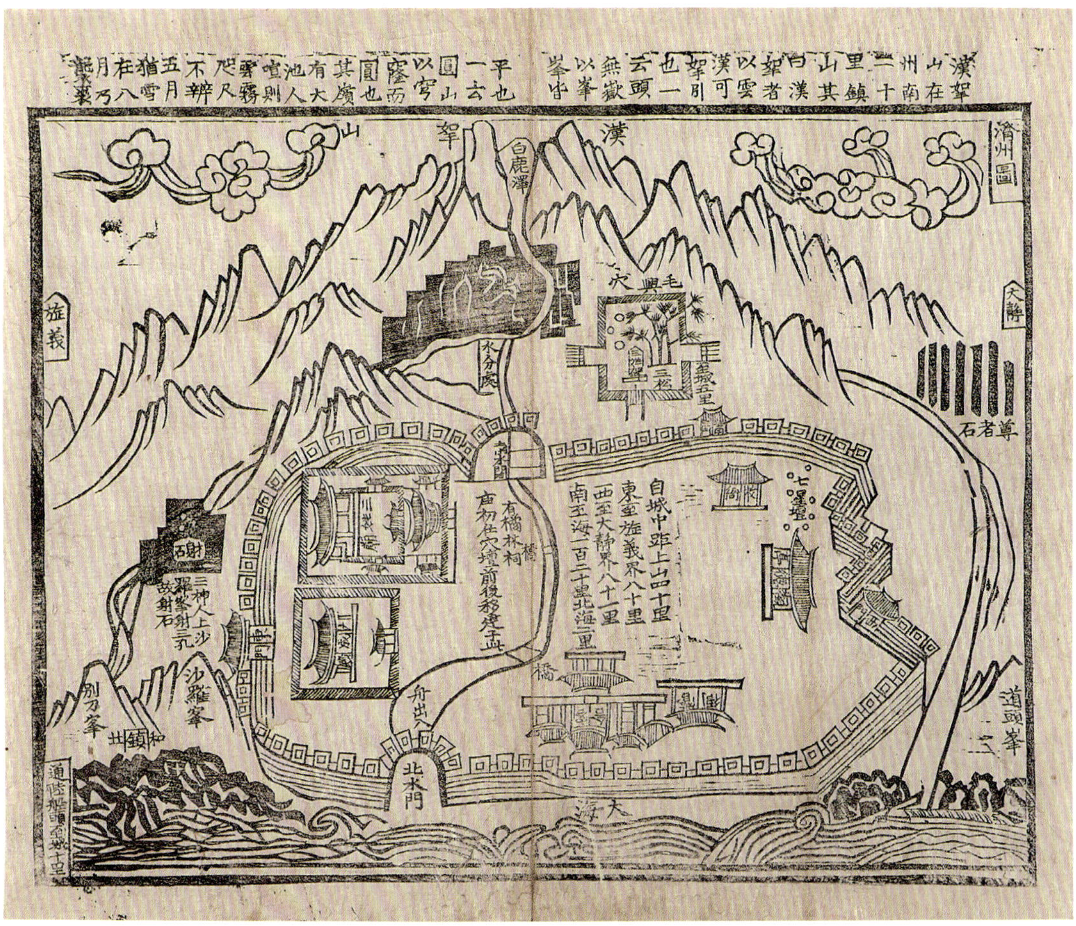

10

제주읍성도
濟州邑城圖
Jejueupseongdo, Map of Jeju Island

조선 18세기
35.7×42.0
국립제주박물관
제주3008

조선 후기 제주읍성을 표현한 지도로 위쪽이 남쪽에 해당한다. 그림 상단에 한라산에 대한 기록이 있는데 『신증동국여지승람』의 내용을 인용한 것이다. 그림 중앙에 하천이 남수각南水閣을 통과하여 북수문北水門으로 이어지고 있다. 남수각은 남수구에 제이각이 있었던 것에서 불렸던 이름이다. 남수구와 북수구는 이원진 목사 때 돌로 쌓았지만 홍수 때마다 자주 무너져 여러 차례 보수했다.

임진왜란 직후인 선조 32년(1599) 성윤문목사가 제주성을 개축할 때 남수구와 북수구에 홍문虹門(무지개다리 모양의 문)을 세우고 남수구에는 제이각制夷閣, 북수구에는 죽서루竹西樓를 세웠다. 그러나 효종 3년(1652) 8월 태풍으로 남북수구가 헐리자 이듬해 1653년 제주목사 이원진이 남북수구를 다시 쌓고 북수구 위에 다시 정자를 세워 낙성하고 그 이름을 공신루라 하였다. 공신은 '북극성을 둘러싸다'의 뜻으로 '임금을 둘러쌈', 또는 '백성들이 임금에게 복종함'을 비유한다. 이후 순조 8년(1818) 한정운목사가 이를 중수하여 공신정이라 하였다. 이후 폭우로 다시 북수구가 무너지자 순조 32년(1832) 이예연 목사는 공신루가 물길이 가까워 늘 노는 사람들로 북적거리니, 이를 피하기 위해 삼천서당의 동쪽으로 옮겨 세웠다.

11

제주성내음료수등가지역도

濟州成內飮料水等價地域圖

Jejuseongnaeeumlyosudeunggajiyeokdo, Map of Drinking Water Rates in Jeju Region

마쓰다 이찌지桝田一二(1895~1974)
일제강점기 1932년
91.0×178.0
국립제주박물관
제주기1194

1932년 말 7월 기준의 음료수 등가 지역도로 1930년대 제주읍성의 상황을 파악할 수 있다. 이 지도는 위쪽이 북쪽이며 산지천이 남수구에서 북수구로 연결되어 흐르고 있다. 1923년 제주동성과 북성이 교차하는 지점에 제주측후소가 들어섰으며 현재는 제주지방기상청이 세워져 있다.

누정樓亭 공진루拱辰樓

바로 북수구北水口의 문루이다. 신찬의 「기記」에, 변하汴河 중류의 수문이 이내 이루어지고, 소식蘇軾이 쌓은 제방에도 이미 황루黃樓를 지었으니 이는 수구水口에 누각을 세우는 일이 그 유래가 오래되었음을 말하는 것이다. 하물며 이 탐라 관부官府는 아래로는 바다에 임하고, 위로는 계곡으로 이어져 빗물이 때때로 범람하면 성문이 자주 무너지고 나무를 걸쳐 다리를 만들어도 수해水害를 막을 수가 없었다. 전후하여 이 고을을 다스리는 자는 이것이 근심이 되었지만 좋은 계책을 마련하지는 못하였다.

신묘辛卯(1651년)에 이 상공(이원진)이 절제사의 명을 받고 부임하여 고을의 일에 임하였는데, 임진壬辰(1652년) 가을 8월에 풍우의 재해를 당하여 남북의 수구가 일시에 파괴되었다. 상공은 이에 개연히 탄식하며 말하기를, '성채城砦가 있는 곳이니, 수축하지 않을 수가 없다.

장구한 계획을 세우고자 한다면, 돌로 쌓는 것만 못하다' 하고,

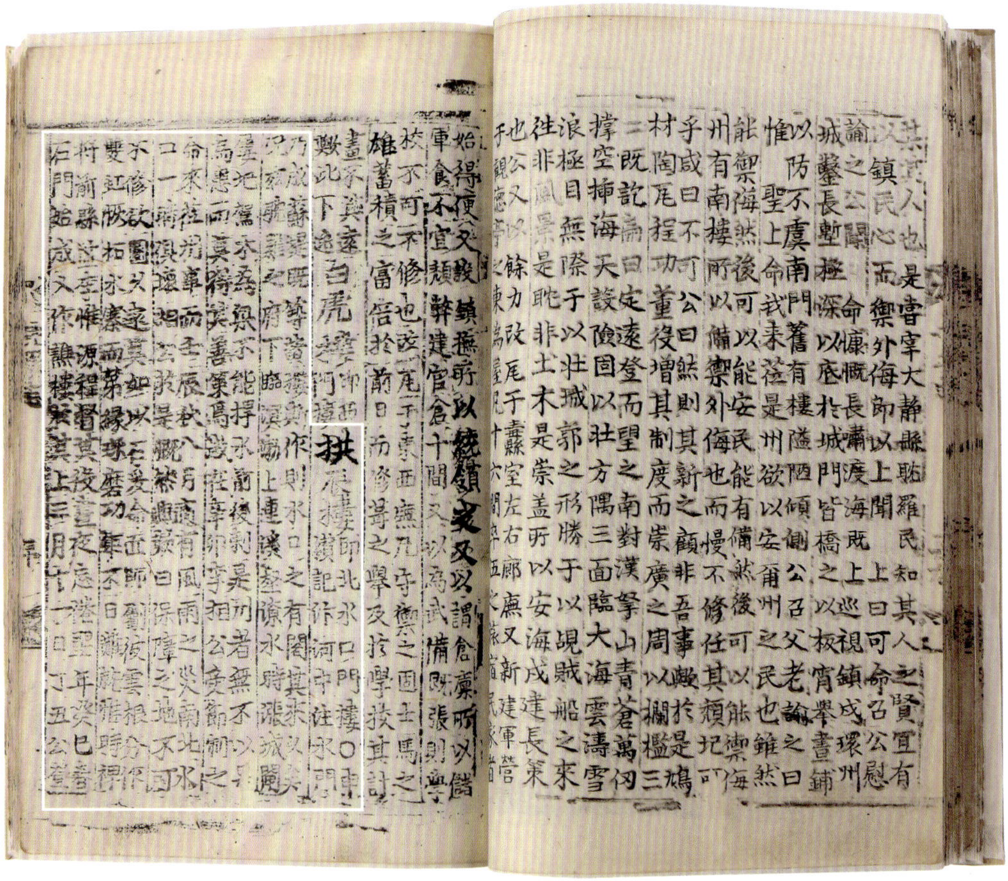

12

탐라지
耽羅誌

Tamnaji, Town Chronicle of Jeju

이원진李元鎭
(1594~1665)
조선 19세기
31.5×20.5
국립제주박물관
제주기12

이에 장인과 병사들에게 명하여 바위를 깨트리고 나누어서 두 개의 무지개다리를 만들고 수채水寨를 넓게 팠는데, 단지 돌을 쪼고 다듬는 일로 인하여 공사가 방대하여 며칠 내에 이루어지기가 어려웠다. 그때 비장裨將 전 현감 이유원李惟源이 공사를 감독하여 밤낮으로 게으름을 잊으니, 다음 해인 계사癸巳(1653년) 봄에 돌문이 비로소 완성되었다.

또 그 위에 초루譙樓를 지었는데 3월 11일에 공이 이 누에 올라 마침내 장사들을 모아 낙성하고 그 이름을 공진루拱辰樓라 명하니, 이는 노두老杜의 시에서 '높은 다락에서 북극성을 바라본다'는 뜻을 취한 것이다.

이 다락은 높으나 웅장하지 않고 화려하나 지나치지 아니하며, 풍기風氣를 굳게 하니 새나갈 근심이 없고 도적의 침입을 막는 데는 쇠사슬로 된 감옥이 있으니, 지금부터는 성문이 다시 물로 인해 무너질 염려가 없고, 주민들도 쌓거나 막는 괴로움을 면하게 되었으므로, 뒤에 와서 보는 자는 누구도 상공께서 이 문루를 세운 것이 백성을 위하고 나라를 위한 일이라고 말하지 않겠는가?

13

산지천과 제주읍성

山地川·濟州邑城

The Sanji Stream and Walled Town of Jeju eupseong

일제강점기 1914년

국립중앙박물관

건판2701

COLUMN

제주지방기상청
기상주사
강동훈

태풍의 길, 삼다도三多島에서 바라본 제주 기상관측의 발전사

우리나라 기상현상은 삼국시대부터 부분적으로 고문서에 기록되어 있으며, 고려사의 「오행지」에 황사, 대풍 등의 기상관측 기록으로 보아 고대 농경 사회에서 기상관측은 매우 중요했을 것이다.

조선시대 천문기상대 관제에 대한 최초의 기록은 『태조실록』의 1392년 7월 정미일 '문무백관지제文武百官之制'에서 확인할 수 있는데, 그 내용은 다음과 같다.

'서운관書雲觀은 천문天文의 재상災祥과 역일曆日을 추택推擇하는 등의 일을 관장하는데, 판사判事 2명 정3품이고, 정正 2명 종3품이고, 부정副正 2명 종4품이고, 승丞 2명, 겸승兼丞 2명 종5품이고, 주부注簿 2명, 겸주부兼注簿 2명 종6품이고, 장루掌漏 4명 종7품이고, 시일視日 4명 정8품이고, 사력司曆 4명 종8품이고, 감후監候 4명 정9품이고, 사신司辰 4명 종9품이다.'

체계적인 관측은 측우기가 발명된 이후로 볼 수 있는데, 세종실록 1441년 8월 임오일의 기록을 보면 서운관에 측우대를 설치하고 그 위에 길이 2척 직경 8촌의 측우기를 놓고서 강우량을 측정 및 보고하도록 하였다.

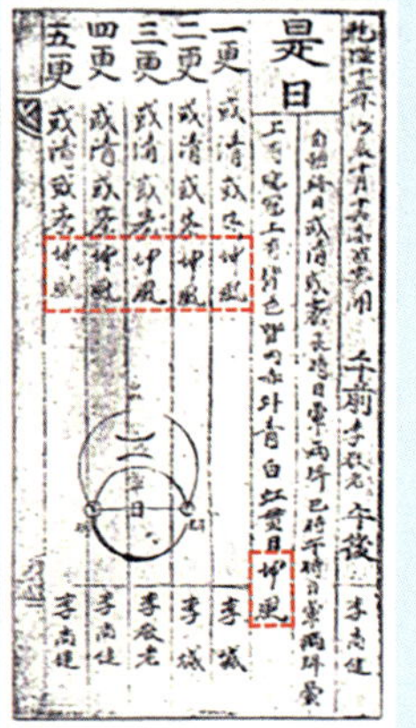

관상감 측후일지

건륭 13년(1748년) 10월 16일
관상감 측후일지
오전 이경노, 오후 이상건

이날 아침부터 맑거나 흐렸었는데 오전 7시~9시에 2개의 귀고리 모양의 햇무리가 생겨 9시~11시를 지나 11시~13시까지 지속됐다. 햇무리 모양은 관 위에 또 관을 올려놓은 것 같았고, 윗 햇무리 반사색은 내부는 적색이었고 외부는 청백색으로 무지개가 관통하고 있는 듯 했다. 종일 남서풍(곤풍坤風)이 불었다.

1. 관상감 풍운기 측후 기록(1748. 10. 16.)

세조 12년(1466년)에 고려시대 이래로 서운관이라 불리던 명칭이 관상감으로 바뀌고 기상천문 담당관서로의 역할을 맡았다.

「풍운기風雲記」는 관상감의 관측원부로서 그 안에 있는 기상관측 일지를 보면 낮밤으로 당직자를 두어 교대로 관측하였다. 관측자는 청 · 담 · 우 · 설 · 상 · 무 등 날씨와 바람의 방향, 특이한 현상 등을 빠짐없이 기록하였다.

조선 후기, 관상감의 관리였던 성주덕이 순조 18년에 조선의 기상, 천문, 지리, 역법, 시제 관측의기의 발달과 제도의 변천을 기록한 『서운관지』를 발간하였는데 이때에 이르러 기상관측규정이 체계적으로 완성되었다고 볼 수 있겠다.

서운관지 제1권의 번규番規를 보면 일직관日直官이 관측하여야 할 종목과 그에 대한 정의가 있었는데 백홍관일白虹貫日: 흰 무지개가 해를 꿰뚫는 현상 등 8가지 관측항목에 대해서는 즉시 보고를 하며, 서리, 눈, 비 등 25가지 관측항목에 대해서는 규정된 절차에 따라 정규적으로 보고하도록 되어 있다.

제주 기상과 관련된 기록들도 『조선왕조실록』, 『남명소승』, 『남사일록』 등의 사료에서 확인해 볼 수 있으며, '『조선왕조실록』 역사기후자료 세종 전반기'((재)한국기상기후아카데미, 2015년)의 분석자료를 보면 제주에서의 기상현상은 바람 7회, 비 4회, 재해빈도는 총 24회 중 풍해가 6회로 25%의 높은 빈도를 나타내어 바람에 대한 피해가 많았음을 알 수 있다.

○ 제주의 공선 1척이 태풍으로 인해 침몰하였는데 물에 빠져 죽은 사람이 44인이었음(태종실록, 태종 5년 9.11.)

○ 제주에서 6개월 동안 크게 가문 뒤 큰 비바람으로 2백필의 말이 죽음(인조실록, 인조 23년 9.21.)

○ 大風竟日 宿泊白島 登島上望濟州 如一陣黑雲浮於海天之間
- 사나운 바람이 종일토록 불어 백도白島에 그대로 머물렀다
- 그 섬의 높은 곳에 올라가서 제주도를 바라보니 마치 한떼의 검은구름이 저 멀리 하늘과 바다 사이에 떠 있는 것 같다
(남명소승南溟小乘, 1577년)

○ 아침에 맑고 저물 때 흐리고 바람이 크게 불다가 밤에 비가 내리더니 새벽까지 내렸다(남사일록南槎日錄, 1680년)

옛말에 제주도는 삼재도三災島라 불렸는데, 첫째, 비로 인한 수재水災, 둘째, 토질이 척박하여 한재旱災, 마지막으로 우리나라 남쪽 해상으로부터 북상하는 태풍의 영향을 가장 먼저 받는 길목에 위치하여 태풍으로 인한 풍재風災로 제주인의 생활은 어려울 수 밖에 없었다.

삼다도三多島 또한 바람과 태풍의 피해가 많고, 남자들이 바닷일 중 태풍으로 많이 죽어 여자가 많고, 태풍에도 견딜 수 있는 돌로 담을 쌓아야 했던 척박한 환경을 보여준다.

이렇듯 제주는 사면이 바다이며 어업활동이 주된 일터였고, 칠머리당굿을 통해 바람의 신인 영등할망을 맞이하여 어업과 해녀의 채취물의 풍요를 빌어야 했던 제주에서의 삶은 바람과 함께 했다고 해도 과언이 아닐 것이다.

이렇게 날씨에 대한 관심이 높았을 뿐만 아니라 영등신을 통해 척박한 환경을 개척해야 했던 제주에서는 기상청에서 근대기상 관측이 시작된 1904년 이후 1923년 5월 1일 제주측후소가 설립되고 지상기상관측 업무가 시작된 이래 60여년간 지켜온 구청사를 헐고 1983년 새 청사를 신축하여 제주지방기상청은 2차례의 증축과 2015년 신축을 거쳐 오늘에 이르게 되었다.

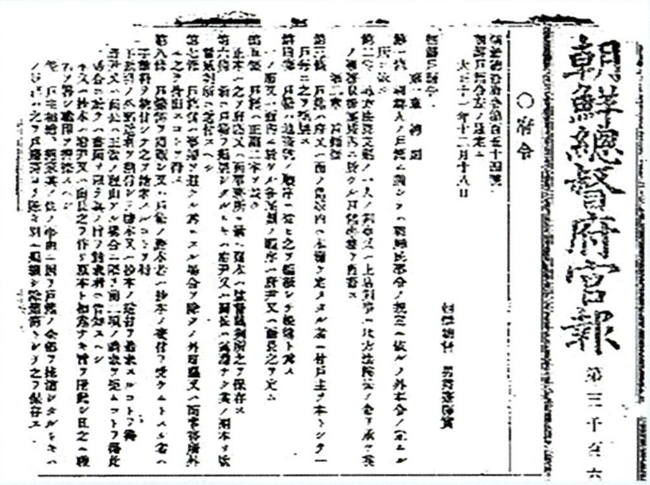
朝鮮總督府官報

○府令

2. 제주도 측후소 신설
1923년 5월1일에는 조선총독부령 제70호에 의거 초산측후소를 폐지하고, 제주도측후소(전라남도 제주군 제주읍)를 신설하였다.
조선총독부관보 제3212호, 1923.4.28.

현재 제주지방기상청에는 1923년부터 관측이 기록된 기상연보원부 등의 관측기록물을 소장하고 있으며, 기압, 기온, 습도, 수증기장력, 강수량, 풍향, 풍속, 운량, 지면온도 등의 관측자료가 기록되어 있다.

1923년 제주측후소(신설)

1940년대 제주측후소

1983년 제주측후소(신축 준공)

1996년 제주기상대(증축)

2002년 제주지방기상청(증축)

2015년 제주지방기상청(신축)

3. 제주지방기상청 청사의 변천

제주측후소에서는 일 3회(6, 12, 18시) 실측을 하고, 기압, 기온, 습도, 풍향, 풍속은 자기기 기록에 매시 관측을 하였다. 그 당시 관측장비에 대한 자세한 기록은 없으나 '기상사료발굴 및 보존(한국기상학회, 2001.)'을 보면 온도계는 제작자가 후스, 청우계는 리시야류 등으로 그 당시 일본에서 제작한 관측장비를 사용하였음을 알 수 있다.

그 당시에도 풍차의 회전수로 바람의 속도를 재는 원리인 로빈슨 풍속계와 온도에 의해서 팽창률이 서로 다른 두 금속 물질이 변형되는 성질을 이용한 바이메탈 자기온도 기록계 등 최근 자동기상관측이 시행되기 전까지 동일한 원리의 관측장비가 사용됐다는 데서 종이에 기록된 100년의 기록은 더욱 큰 의미를 보여준다.

해상활동을 위해 바람의 정보가 중요했던 제주에서도 일기예보와 폭풍경보 및 폭풍우의 내습을 일반인과 어선에 알리기 위해 기상예보신호표와 기상특보신호표를 게양하는 방식으로 기상정보를 전달하였다. 풍향, 천기, 기온 순서로 깃발의 모양과 색깔에 따라 예보를 알렸고, 기상특보신호표는 주간은 깃발, 야간은 신호 등을 사용하였다.

1960년도에는 기상통신시설이 급속히 발달하면서 1965년 1월부터 KBS, MBC 라디오에 일 2회 이상 일기해설을 생방송하였고, KBS1 TV를 대상으로 일 1회 일기해설을 생방송하였다.

1970년 들어 중앙관상대 기구가 크게 확장 개편됨에 따라 레이더 관측자료와 위성자료 및 수치예보자료를 수신하여 활용하는 등 예보업무 시스템의 현대화 기반이 구축되었다.

1990년대 기상관서 관측자동화를 위한 종합기상관측장비ASOS가

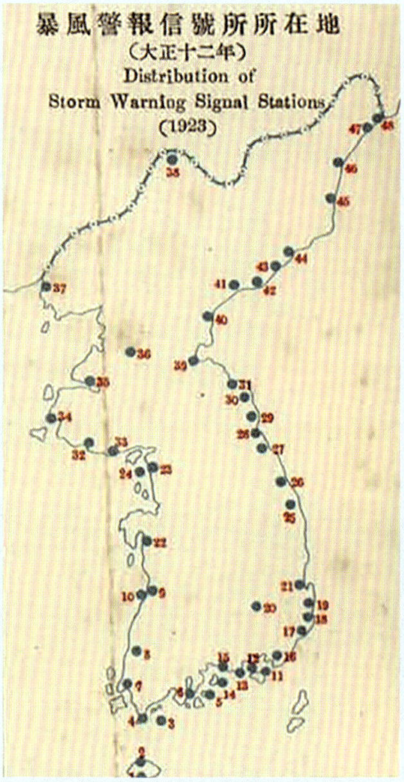

4. 폭풍특보신호소 소재지(1923년)

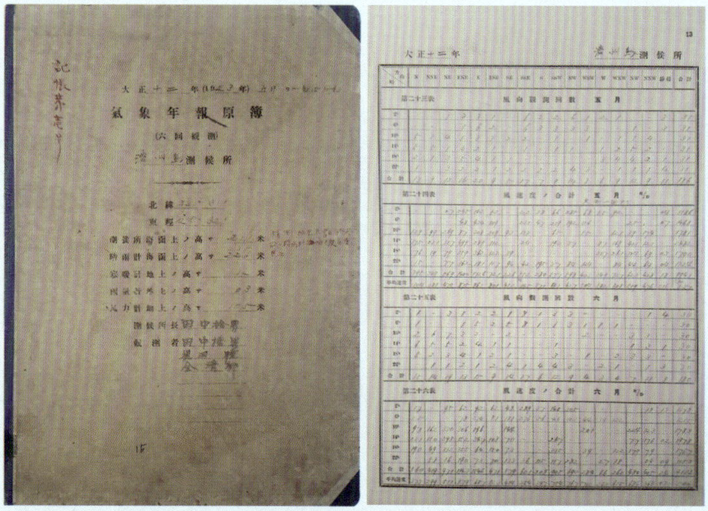

5. 제주측후소 기상연보월부(1923년)

6. 1950년대의 제주측후소

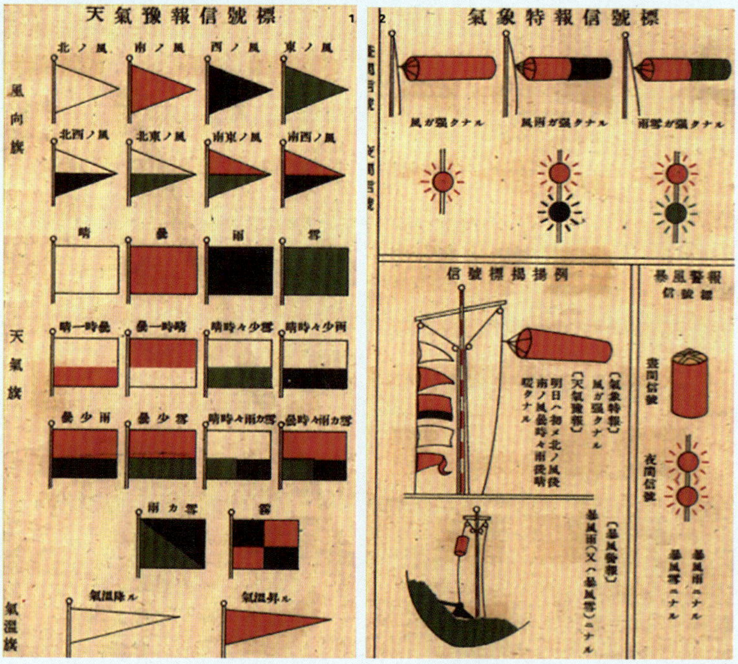

7. 기상예보신호표 및 기상특보신호표(주 · 야간)

설치되었으며 현재 제주지방기상청은 4개의 종관기상관측장비ASOS : Automated Synoptic Observing System와 35개의 방재기상관측장비AWS : Automatic Weather System를 이용하여 기온, 기압, 바람, 강수량 등을 1분 간격으로 자동 관측하고 있다.

또한, 지상, 고층, 레이더, 위성, 해양 등의 관측 이외에도 앞으로 모바일 기상관측차량과 하늘에서는 드론, 바다에서는 웨이브글라이더, 표류부이 등을 운영하면서 빠르게 변화하는 위험기상에 대응하여 입체적이면서 실시간으로 대처할 수 있는 능력이 더욱 향상될 것이다.

영등신을 통해 태풍을 이겨내려고 했던 삼다도三多島에서 이제는 기상재해에 신속하게 대응하기 위해 정확한 기상관측으로 위험기상을 감시하고 도민이 원하는 신뢰도 높은 기상예보와 최적의 기상정보 제공으로 태풍을 과학적으로 이겨내려는 제주지방기상청의 노력은 앞으로도 계속될 것이다.

참고문헌

『근대기상변천사』, 강원지방기상청, 2003.

『강원지방기상청 백년사』, 강원지방기상청, 2011.

『기상역사자료집』, 기상청 국립기상연구소, 2012.

『조선왕조실록 역사 기후자료』, 한국기상기후아카데미, 2015.

『종이에 남긴 100년의기록』, 기상청 국가기후데이터센터, 2015.

『제주지방의 기상관측 역사와 기후변동성 연구』, 기상연구소, 2005.

『제주통사』, 제주발전연구원, 2013.

『기상사료발굴 및 보존』, 한국기상학회, 2001.

행정안전부 국가기록원 http://www.archives.go.kr.

8. 기상관측(현재)

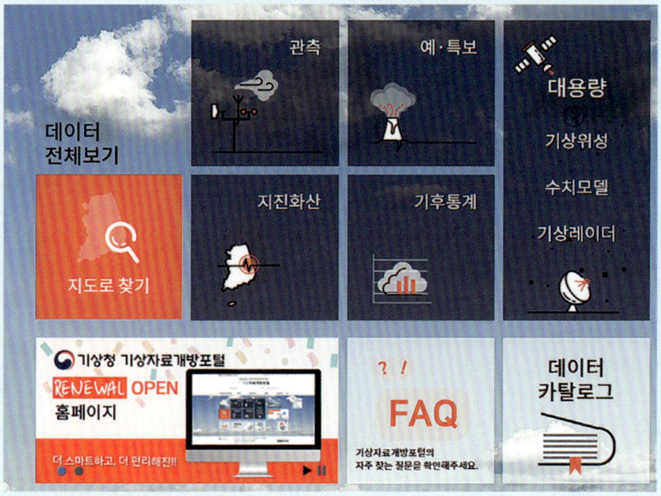

9. 기상자료개방포털(현재)

10. 기상청 날씨알리미(현재)

14

기상연보 원부

氣象年譜原簿

Original Ledger of Annual Weather Records

일제강점기
29.3×21.4
제주지방기상청

제주 측후소에서 작성된 기상원부로 1923년, 27년, 30년, 31년에 작성된 것이다. 제주 측후소는 제주지방기상청의 전신으로 1923년에 세워졌다. 특히 1923년의 연보는 제주측후소에서 기록된 최초의 원부로 가치가 높다. 연보에는 매일 오전 6시, 오후 2시, 오후 10시 세 차례 파악된 기압, 기온, 습도, 수증기장력, 강수량, 풍향, 풍속, 운량, 지면 온도 등의 정보가 수기로 기록되어 있다.

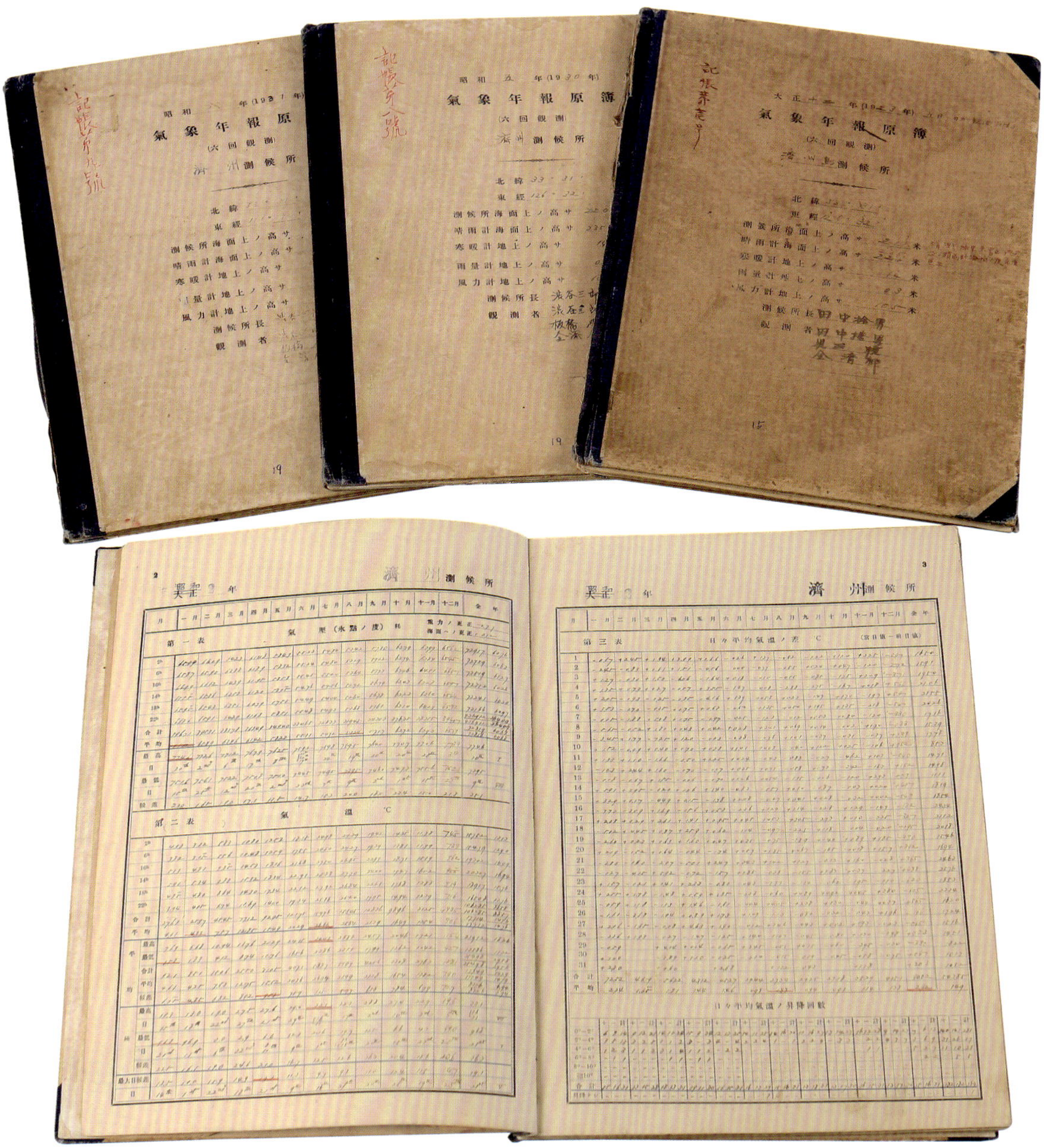

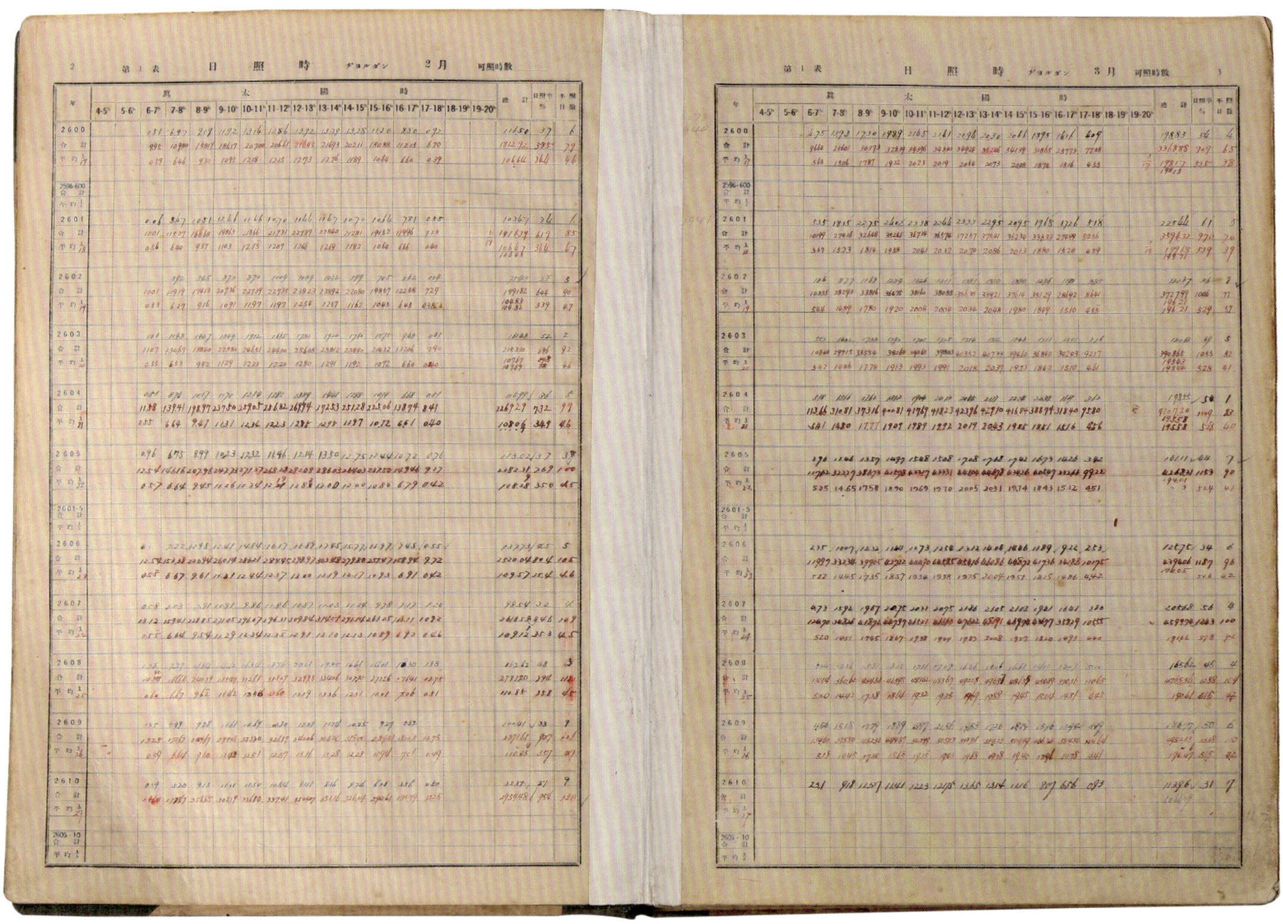

15

기상월표 원부

氣象月表原簿

Original Ledger of Monthly Weather Conditions

일제강점기~현대
왼쪽 38.5×27.5
제주지방기상청

16

한국의 기상재해조사

韓國氣象災害調査

The Study of Meteorological Disasters in Korea

중앙관상대연구조사부
1972년
36.5×30.5
제주지방기상청

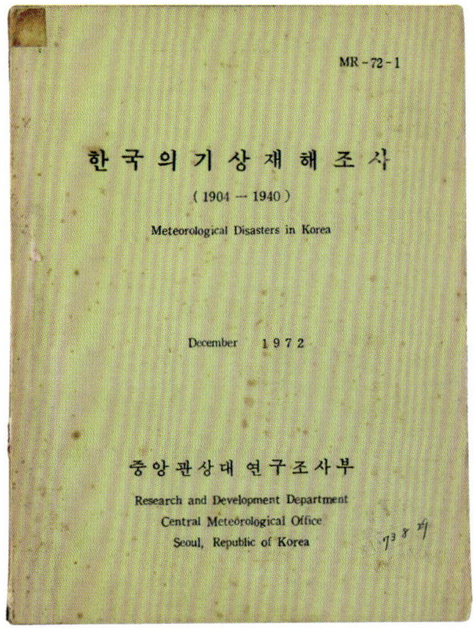

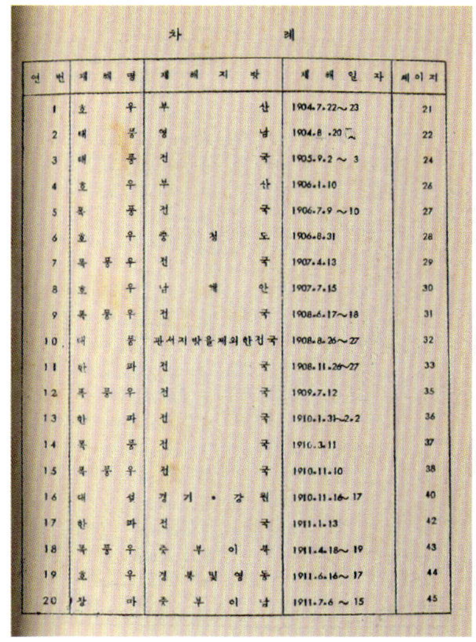

1904~1940년까지 한국의 기상재해에 대해 기록한 보고서로 총 185건의 자연재해가 기록되어 있다. 태풍, 호우, 폭풍, 폭풍우, 장마, 대설, 해일, 한파, 서리, 뇌전과 우박, 한발, 혹서, 안개, 산불, 지진, 해일이 연도별로 정리되어 있다. 태풍은 1904년 8월 20에 처음으로 기록되어, 이후 총 32개가 확인된다.

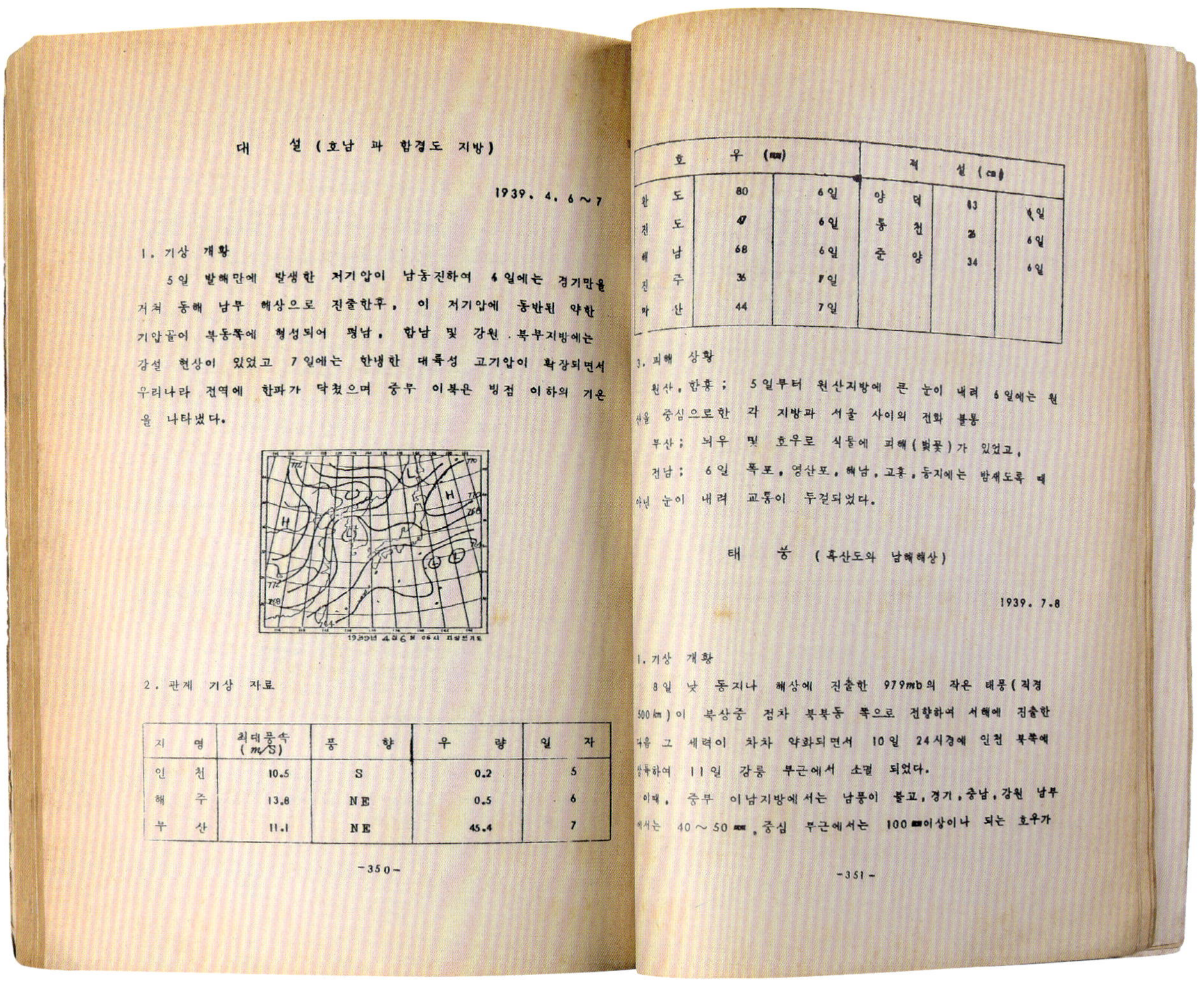

17

기상 스크랩북
氣象Scrapbook
Weather Scrapbook

1980~1990년대
36.5×30.5
제주지방기상청

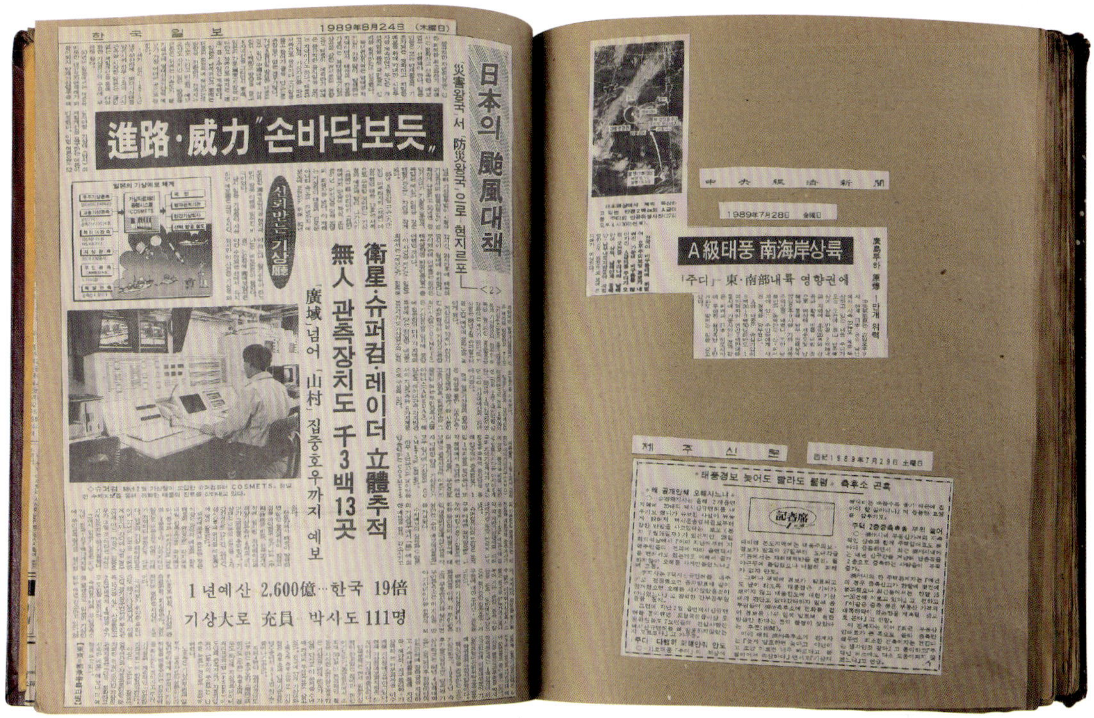

1981년부터 1991년간 제주지역 신문에 연재된 기상관련 자료를 모아 놓은 자료철이다. 장마, 태풍, 폭설 등 각종 기상재해를 비롯하여 제주측후소에서 제주지방기상청으로의 승격 등에 대한 기사를 모아 놓았다.

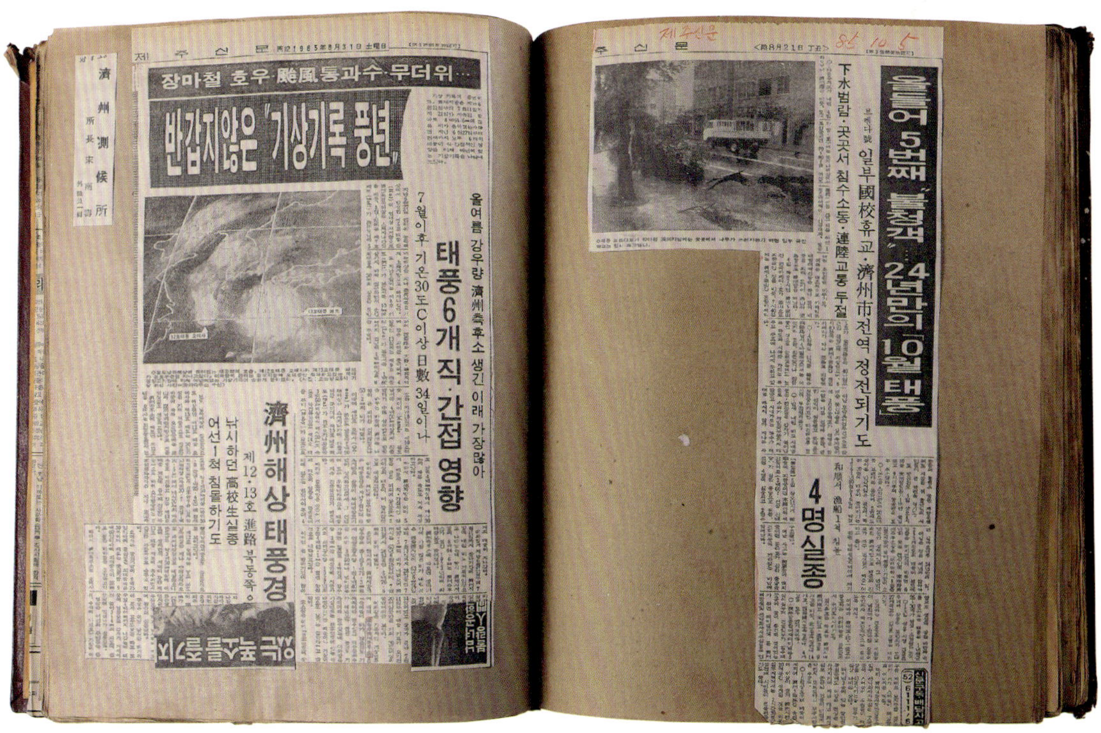

풍향풍속계
風向風速計
Wind Vane and Anemometer

1987년
왼쪽 높이 34.0
제주지방기상청

풍향풍속계는 외부에 설치하여 바람의 방향과 속도를 측정하는 장비이다. 바람의 속도는 높이에 따라 달라 지상 10m 높이의 바람 속도를 표준으로 삼는다. 풍향풍속계는 풍차형, 풍배형, 초음파식 등이 있는데 풍차형은 프로펠러, 풍배형은 사발모양의 컵이 회전하면서 기록된 회전수로 평균 풍속을 구한다.

19

자기기록형 전접계수기

自記記錄形電接計數器

Recording Electric Counter

1987년

21.4×31.3

제주지방기상청

전기접점 신호를 이용한 횟수로 측정값을 구하는 측기에는 모두 사용할 수 있는 기기이다. 주로 삼배풍속계와 전도형 자기우설량계에 사용되며 이들로부터 보내오는 전기적 접점신호를 케이블을 통해 전자석과 인접해 있는 가동철편으로 전달하면 접점이 이루어진다. 삼배풍속계에 연결하여 평균풍속과 풍정을 구할 수 있다.

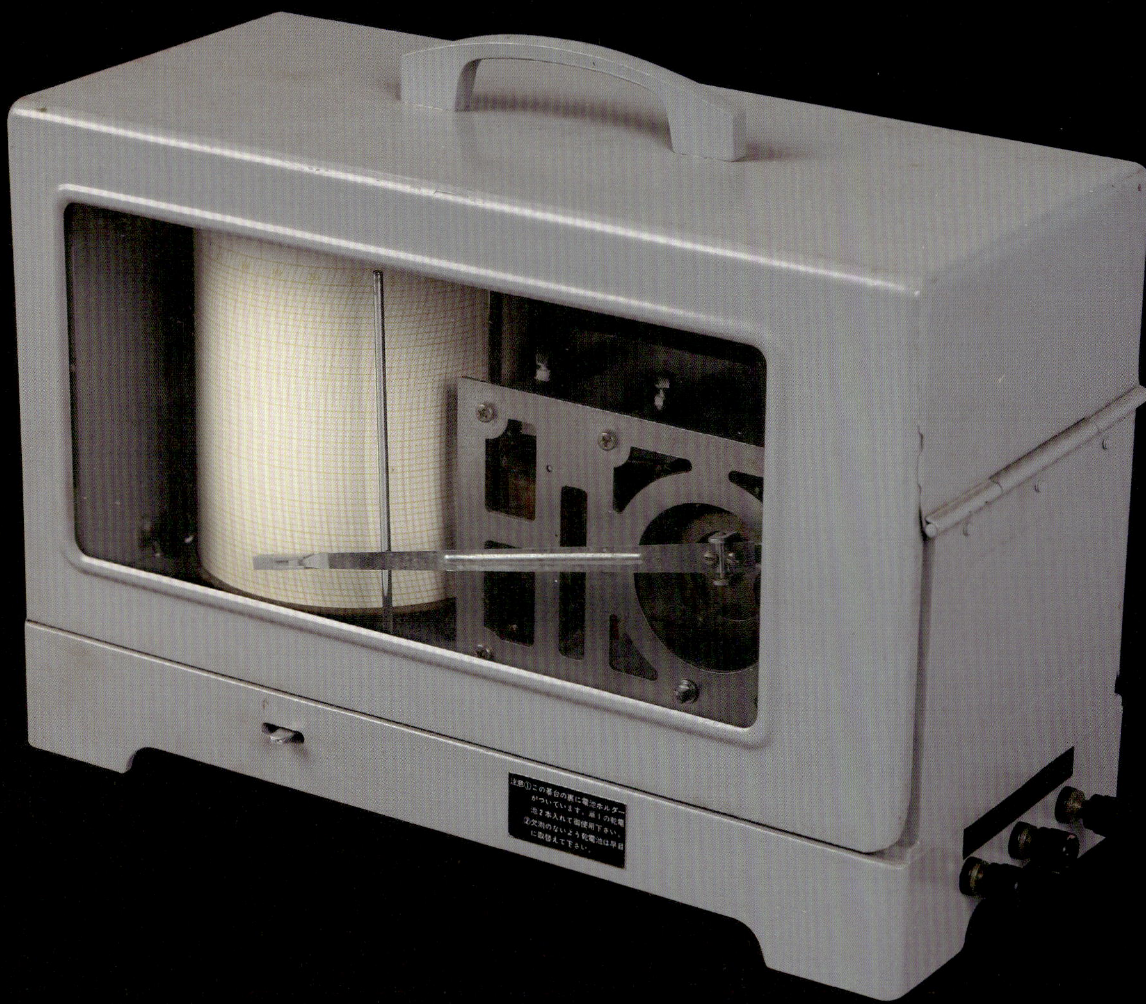

20

레윈존데 관측장비

Rawinsonde 觀測裝備

Rawinsonde Observation Device

1988년
아래 13.3×38.2
제주지방기상청

상층대기의 기온 · 기압 · 습도 · 바람을 측정하는 관측기기이다. 풍선에 라디오존데(소형 센서 장치)를 매달아 직접 30km의 높은 고도까지 띄우고 상층 대기의 상태를 관측하여 지상에서 안테나로 신호를 받은 후 기상자료로 변환하는 관측장비이다.

21

아네로이드 자기기압계

Aneroid 自記氣壓計

Aneroid Barograph

1970년
왼쪽 31.0×61.2
제주지방기상청

아네로이드 기압계의 일종으로 시간에 따른 기압의 연속적인 변화를 기록하는 기기이다. 아네로이드 기압계의 바늘 끝에 달린 펜을 자동으로 회전하는 기록 용지 위에 놓이게 하여 시간에 따른 기압의 변화를 용지에 기록한다. 자기기압계는 표시기, 펜으로 구성되며 기록지는 서서히 회전하는 드럼에 부착되어 있다.

22

아네로이드 기압계

Aneroid 氣壓計

Aneroid Barometer

1966년
오른쪽 높이 10.0
제주지방기상청

기압계는 대기의 압력을 측정하는 장치이다. 기압이란 지구를 둘러싸고 있는 대기의 무게로 인해 생기는 압력을 말한다. 따라서 공기가 이동하고 얼마나 무거운지에 따라 기압이 달라지는데 기압이 낮은 곳은 공기의 무게가 적고, 기압이 높은 곳은 무겁다. 아네로이드 기압계는 액체를 사용하지 않고, 진공상태의 금속용기 안의 기압 변화에 따라 수축하고 팽창하는 값으로 기압을 측정한다. 항공기나 선박 등에서 이용된다.

23

사이펀식 자기우량계

Siphon 自記雨量計

Siphon Recording Rain Gauge

1970년
높이 46.0
제주지방기상청

우량계는 비가 내린 양을 측정하는 기기이다. 저수형 자기우량계는 시간에 따라 비의 양이 어떻게 변하는지 측정한다. 조절관을 통해 들어간 빗물을 저수통에 일정량(20mm) 모아 두었다가 사이펀 작용으로 배수시키기 때문에 '사이펀 자기우량계'라고도 한다. 물 높이가 올라가면 부표가 함께 올라가면서 부표에 붙어있는 펜이 기록지에 그래프를 그리게 된다.

대기 중의 수증기 양을 측정하는 기기이다. 전통적으로 쓰이는 습도계는 모발습도계, 이슬점습도계, 건습구 온도계 등이 있다. 이 중 모발습도계는 머리카락이 습도를 많이 머금으면 늘어나는 원리를 적용하여 만든 것이다. 수증기란 기체상태의 물을 말하며 공기 중에 수증기가 많아지면 습도가 높아지며 이를 통해 다양한 기상 정보를 예측할 수 있다.

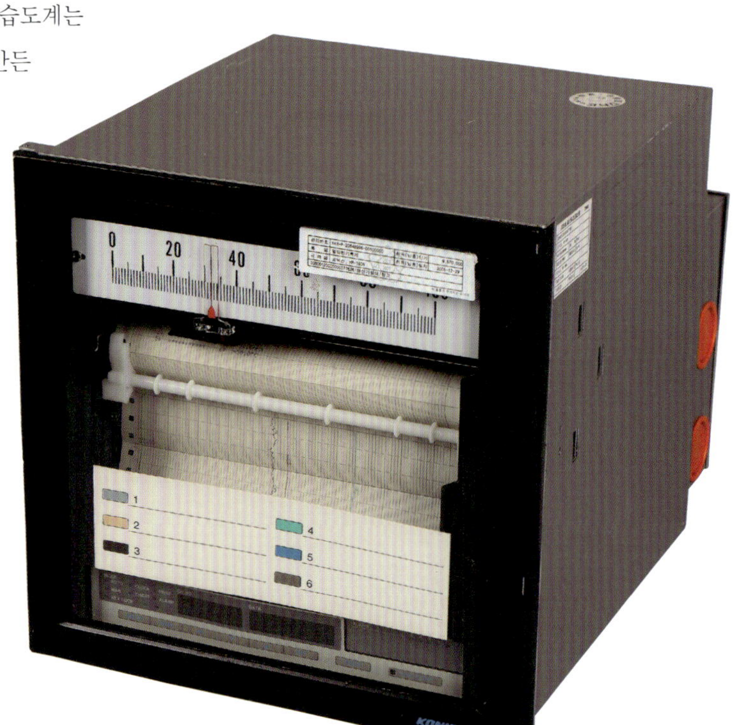

24

습도계

濕度計

Hygrometer

2005년
29.0×29.0
제주지방기상청

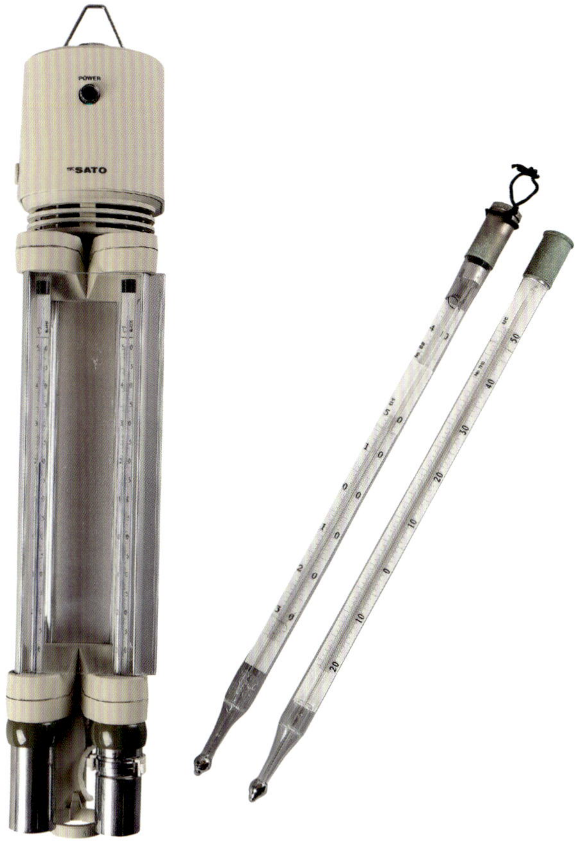

25

아스만 통풍건습계 · 온도계

Assmann 通風乾濕計 · 溫度計

Assmann Ventililated Psychrometer, Thermometer

2001년
왼쪽 길이 42.0
제주지방기상청

아스만 통풍건습계는 태엽이나 모터로 환풍기를 돌려 습도를 재는 휴대용 건습계로 독일의 R.아스만이 고안하였다. 평행으로 된 건구용乾球用, 습구용濕球用 온도계로 구성되어 있으며 바람을 일으켜 부딪치는 값을 구해 습도를 측정한다. 온도계는 온도를 측정하는 기기이다. 액체온도계, 전기저항 온도계 등 목적에 따라 다양한 기기를 이용한다. 액체온도계는 유리관 안에 액체를 넣고 온도에 따라 부피가 변하는 원리를 이용한 것이다.

EPISODE

하루 4.4km씩, 9065km, 2077일간의 표류, 서귀포에서 캘리포니아까지

미국 캘리포니아 멘도시노 곶에서 발견된 기상관측기기가 주목받았다. 미국 스크립스 해양연구소의 발표에 따르면, 약 70cm 크기의 노란색 기계 표면에 '서 ○○ 기상대'라는 글자와 전화번호가 희미하게 보인다.' 라고 하였다.

기상청에 의하면 바다의 파도와 바람을 측정하는 부이buoy로 2014년 제12호 태풍 '나크리'를 피하려던 선박에서 떨어져나간 것으로 추정하였다. 이 파고부이는 2014년 7월 31일 오전 11시쯤 좌표 지점에서 이탈하여 8월 1일 오후 8시 경에 신호가 끊긴 것으로 보아 시계방향으로 흐르는 아열대 순환 해류를 타고 태평양을 횡단했을 것으로 보았다.

태풍 이름에 담긴 차별과 퇴출

국립제주박물관
학예연구실장
김현희

우리는 누구나 이름을 가지고 있다. 보이지 않지만 느낄 수 있는 바람도 이름이 있다. 바람의 이름은 부는 방향과 장소, 힘에 따라 다양하게 불린다. 특히 기상학적으로는 장소와 힘(중력, 전향력, 기압경도력, 원심력, 마찰력)에 따라 지균풍, 관성풍, 선형풍, 경도풍, 지상풍이라고 한다. 그러나 우리가 가장 많이 사용하는 이름은 동풍, 서풍, 남풍, 북풍이나 계절풍과 같은 것이다. 바람이 일정하게 부는 것 같기도 하고 태풍과 같은 바람은 매우 불규칙하게 부는 것처럼 보이지만 실제로는 서로 다른 지역에서의 기압 차이에 의해 일정한 방향으로 움직이고 있는 것이다. 그러나 태풍은 사뭇 다르다. 매우 개성적인 이름을 가지고 있다. 매년 태풍 3호, 7호와 같은 일련 번호 뒤에 루사, 매미, 볼라벤, 너구리, 미탁 등의 이름으로 불린다.

현재 태풍 이름을 주로 동물이나 식물, 꽃, 과일, 신, 사람 이름을 사용하고 있는데 그 중 버빙카[Bebingca; 우유 푸딩, 마카오], 망온[Ma-on; 말안장, 홍콩], 구촐[Guchol; 향신료, 미크로네시아]과 같은 의외의 이름도 있다. 또 우리나라 태풍 이름 중 장미가 있는데 말레이시아의 마와르Mawar와 태국의 꿀랍Kulap도 장미를 뜻한다고 한다.

태풍의 별난 이름들

태풍은 허리케인이나 사이클론과 같은 열대저기압의 하나다. 영어로는 Typhoon이라고 하는데 그리스 신화 속 티폰Typhon이라는 괴물의 이름에서 유래했다는 이야기도 있다. 지금 일기예보에서 거론되는 태풍의 이름은 1999년까지 미국 합동태풍경보센터에서 정한 이름을 사용하였다. 그러나 2000년부터는 아시아 국가의 태풍에 대한 관심과 안전대비를 위하여 대한민국, 일본, 중국, 태풍, 필리핀 등 태풍위원회 회원국가가 각각 제출한 10개의 이름을 5개조로 구성하고 총 140개의 이름을 순차적으로 사용하고 있다. 태풍은 매년 약 26개 정도 발생하므로 140개의 이름을 사용하는 기간은 대략 4~5년 정도이다. 모두 사용하면 다시 1번부터 시작한다.

그러나 태풍에 제일 먼저 이름을 붙인 것은 1953년 오스트레일리아의 클레멘트 래기C. Wragge라는 일기 예보관이었는데 당시는 주로 자신이 싫어하는 정치가의 이름을 붙여 사용하였다고 한다. 북서태평양 태풍의 이름은 제2차 세계대전 이후에 캐럴, 다이앤과 같은 자신의 아내나 애인의 이름을 사용하였다. 태풍의 변덕스러움과 태풍이 얌전하게 지나가기를 바라는 의도였다고 한다. 태풍 자체를 여성으로 의인화하여 사용하는 것에 정식으로 항의한 미국의 록시 볼턴Roxcy Bolton; 1926~2017은 자신이 살고 있던 플로리다주 데이드카운티의 허리케인센터에 항의하기 시작하였다.

태풍 이름의 성차별을 바꾸다.

록시 볼턴은 미국 플로리아주의 첫 번째 여성주의자였다. 볼턴은 1968년부터 미국해양대기관에 허리케인의 이름 부여 방식을 바꿀 것을 요구하였고 여러 가지 대안도 함께 제시하였다. 허리케인Herricanes의 발음이 여성 'her'라는 발음과 비슷하므로 남성 'him'을 넣어 '힘이케인 him-icanes'이라고 부르거나 후원자나 국회의원의 이름을 대신 사용하자는 등의 제안을 내놓았으나 모두 무시당했다. 볼턴의 이러한 제안은 당시 여성들에게 신선한 충격이었으며 모두에게 민감하게 받아들여졌다. 당시 볼턴은 끊임없이 성차별에 대한 여러 문제를 제기하였고 1972년 리처드 닉슨 대통령으로 하여금 '여성평등의 날'을 선포하게 한 것도 볼턴의 노력 덕분이었다.

결국 1979년에 발생한 태풍의 이름은 밥Bob이라는 남자 이름이 되었다. 그 이후 태풍의 이름은 남자와 여자의 이름을 번갈아 사용하였고 현재에는 동물과 식물, 자연환경, 신이나 과일 이름 등 다양하다. 우리나라에서도 1979년 5월 23일자 경향신문에 세계 여성들의 항의에 태풍의 이름이 남성과 여성의 이름을 번갈아 사용하기 시작하였음을 알리는 기사가 보도되기도 하였다.

태풍 이름도 퇴출당한다.

우리나라가 태풍위원회에 제출한 태풍 이름은 개미, 나리, 장미, 미리내, 노루, 제비, 너구리, 고니, 메기, 독수리로 총 10개이다. 북한은 기러기, 도라지, 갈매기, 수리개, 메아리, 종다리, 버들, 노을, 민들레, 날개 등 10개를 제출했다. 그러나 태풍의 피해가 매우 큰 경우에는 재발 방지의 의미를 담아 그 태풍의 이름은 삭제하고 다른 이름으로 대체해서 사용한다. 예를 들면 2005년 9월 6일 일본 큐슈지방에 상륙한 태풍 나비Nabi는 20여 명의 인명피해와 막대한 기상재해를 일으켰기 때문에 2007년부터 '독수리'로 변경되었다. 2004년에 수달도 퇴출되었으며 수달은 미리내로 바꾸었다. 그 외 2002년 '루사'와 2003년 '매미'도 퇴출되었고 대체할 태풍 이름을 공모하기도 하였다. 호주에서도 1974년 트레시Tracy나 2006년 래리Larry도 피해가 컸기 때문에 퇴출되었다.

태풍 이름 조별 순서 [2019년 3월 기준]

국가명	1조	2조	3조	4조	5조
캄보디아	담레이(DAMREY)	콩레이(KONG-REY)	나크리(NAKRI)	크로반(KROVANH)	트라세(TRASES)
	코끼리	산 이름	꽃 종류	나무 종류	딱다구리
중 국	하이쿠이(HAIKUI)	위투(YUTU)	펑선(FENGSHEN)	두쥐안(DUJUAN)	무란(MULAN)
	말미잘	옥토끼	바람의 신	진달래	목련
북 한	기러기(KIROGI)	도라지(TORAJI)	갈매기(KALMAEGI)	수리개(SURIGAE)	메아리(MEARI)
	기러기	도라지	갈매기	수리개	메아리
홍 콩	윈윙(YUNYEUNG)	마니(MAN-YI)	풍웡(FUNG-WONG)	초이완(CHOI-WAN)	망온(MA-ON)
	원앙	해협 이름	불사조	구름	말안장
일 본	고이누(KOINU)	우사기(USAGI)	간무리(KAMMURI)	KOPPU(곳푸)	도카게(TOKAGE)
	작은 개자리(별자리)	토끼	왕관	컵자리(별자리)	도마뱀
라오스	볼라벤(BOLAVEN)	파북(PABUK)	판폰(PHANFONE)	참피(CHAMPI)	힌남노(HINNAMNOR)
	고원 이름	민물고기 이름	동물	꽃의 종류	국립보호구역 이름
마카오	산바(SANBA)	우딥(WUTIP)	봉퐁(VONGFONG)	인파(IN-FA)	무이파(MUIFA)
	지역 이름	나비	말벌	불꽃놀이	서양자두꽃
말레이시아	즐라왓(JELAWAT)	스팟(SEPAT)	누리(NURI)	멜로르(MELOR)	므르복(MERBOK)
	물고기 종류	물고기 종류	청색꼬리 잉꼬새	자스민	점박이목 비둘기
미크로네시아	에위니아(EWINIAR)	문(MUN)	실라코(SINLAKU)	네파탁(NEPARTAK)	난마돌(NANMADOL)
	폭풍의 신	6월(야프어)	전설 속 여신	전사	유적 이름
필리핀	말릭시(MALIKSI)	다나스(DANAS)	하구핏(HAGUPIT)	루핏(LUPIT)	탈라스(TALAS)
	빠르다	경험	채찍질	잔인함	날카로움
한 국	개미(GAEMI)	나리(NARI)	장미(JANGMI)	미리내(MIRINAE)	노루(NORU)
	개미	나리	장미	은하수	노루
태 국	쁘라삐룬(PRAPIROON)	위파(WIPHA)	메칼라(MEKKHALA)	니다(NIDA)	꿀랍(KULAP)
	비의 신	여자 이름	천둥의 천사	여자 이름	장미
미 국	마리아(MARIA)	프란시스코(FRANCISCO)	히고스(HIGOS)	오마이스(OMAIS)	로키(ROKE)
	여자 이름	남자 이름	무화과	어슬렁거림	남자 이름
베트남	손띤(SON-TINH)	레끼마(LEKIMA)	바비(BAVI)	꼰선(CONSON)	선까(SONCA)
	신화 속 산신	나무 종류	산맥	성의 이름	새 종류
캄보디아	암필(AMPI)L	크로사(KROSA)	마이삭(MAYSAK)	찬투(CHANTHU)	네삿(NESAT)
	콩과 상록교목 이름	학	나무	꽃 종류	낚시
중 국	우쿵(WUKONG)	바이루(BAILU)	하이선(HAISHEN)	뎬무(DIANMU)	하이탕(HAITANG)
	손오공	하얀 사슴	바다의 신	천둥과 번개의 여신	야생 사과
북 한	종다리(JONGDARI)	버들(PODUL)	노을(NOUL)	민들레(MINDULLE)	날개(NALGAE)
	종달새	버들	노을	민들레	날개
홍 콩	산산(SHANSHAN)	링링(LINGLING)	돌핀(DOLPHIN)	라이언록(LIONROCK)	바냔(BANYAN)
	소녀의 애칭	소녀 애칭	돌고래	봉우리 이름	나무 종류
일 본	야기(YAGI)	가지키(KAJIKI)	구지라(KUJIRA)	곤파스(KOMPASU)	야마네코(YAMANEKO)
	염소	청새치	고래	콤파스	살쾡이자리(별자리)
라오스	리피(LEEPI)	파사이(FAXAI)	찬홈(CHAN-HOM)	남테운(NAMTHEUN)	파카르(PAKHAR)
	폭포 이름	여자 이름	나무	강 이름	물고기 이름
마카오	버빙카(BEBINCA)	페이파(PEIPAH)	린파(LINFA)	말로(MALOU)	상우(SANVU)
	우유 푸딩	애완용 물고기	연꽃	구슬	산호
말레이시아	룸비아(RUMBIA)	타파(TAPAH)	낭카(NANGKA)	냐토(NYATOH)	마와르(MAWAR)
	야자수 종류	민물 메기	열대과일 이름	나무 종류	장미
미크로네시아	솔릭(SOULIK)	미탁(MITAG)	사우델(SAUDEL)	라이(RAI)	구촐(GUCHOL)
	전설 속 족장	여자 이름	추장	돌로 만든 화폐 이름	향신료
필리핀	시마론(CIMARON)	하기비스(HAGIBIS)	몰라베(MOLAVE)	말라카스(MALAKAS)	탈림(TALIM)
	야생 황소	빠름	가구제작용 나무	강력함	가장자리
한 국	제비(JEBI)	너구리(NEOGURI)	고니(GONI)	메기(MEGI)	독수리(DOKSURI)
	제비	너구리	고니	메기	독수리
태 국	망쿳(MANGKHUT)	부알로이(BUALOI)	앗사니(ATSANI)	차바(CHABA)	카눈(KHANUN)
	과일	태국 디저트 종류	에메랄드	꽃 종류	과일 종류
미 국	바리자트(BARIJAT)	마트모(MATMO)	아타우(ETAU)	에어리(AERE)	란(LAN)
	스콜선	폭우	폭풍 구름	폭풍	폭풍(마샬군도)
베트남	짜미(TRAMI)	할롱(HALONG)	밤꼬(VAMCO)	송다(SONGDA)	사올라(SAOLA)
	장미과 나무	베트남 지명	강 이름	강 이름	동물 종류

※ 기상청 제공 ※■ 2019년에 발생한 태풍 이름

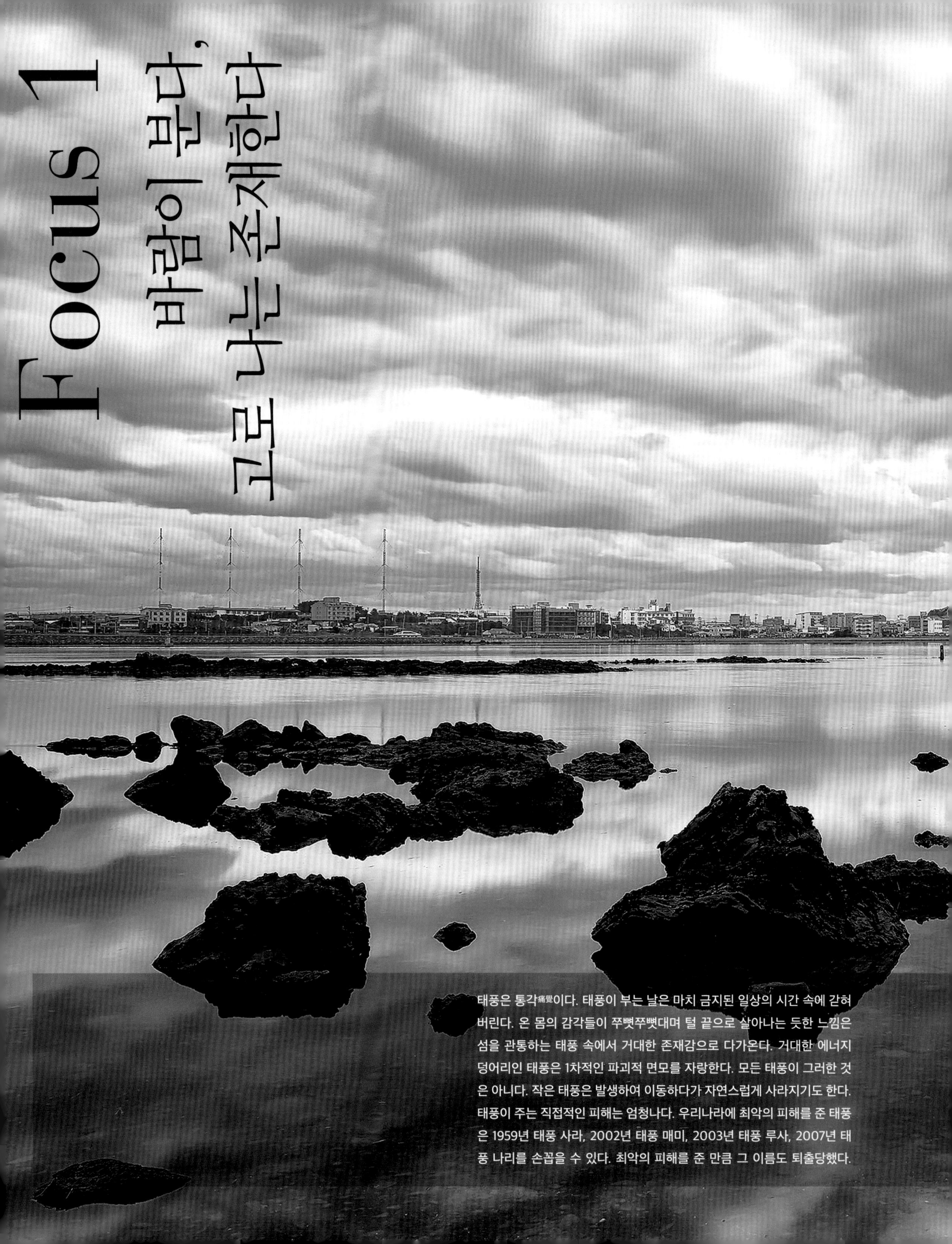

FOCUS 1 바람이 분다, 고로 나는 존재한다

태풍은 통각痛覺이다. 태풍이 부는 날은 마치 금지된 일상의 시간 속에 갇혀 버린다. 온 몸의 감각들이 쭈뼛쭈뼛대며 털 끝으로 살아나는 듯한 느낌은 섬을 관통하는 태풍 속에서 거대한 존재감으로 다가온다. 거대한 에너지 덩어리인 태풍은 1차적인 파괴적 면모를 자랑한다. 모든 태풍이 그러한 것은 아니다. 작은 태풍은 발생하여 이동하다가 자연스럽게 사라지기도 한다. 태풍이 주는 직접적인 피해는 엄청나다. 우리나라에 최악의 피해를 준 태풍은 1959년 태풍 사라, 2002년 태풍 매미, 2003년 태풍 루사, 2007년 태풍 나리를 손꼽을 수 있다. 최악의 피해를 준 만큼 그 이름도 퇴출당했다.

두 번 다시 최악의 피해를 당하지 않기를 바라는 소망을 담은 것이다. 태풍뿐만 아니라 허리케인과 사이클론의 피해도 매우 크다. 1970년 사이클론 볼라 때문에 약 30만 명이 목숨을 잃었고 2017년 미국 허리케인 하비는 약 130조의 재산피해를 입혔다. 우리나라에서 일어나는 자연재해 중 약 60%가 태풍과 관련된 재해이다.

지구가 점점 따뜻해진다. 바다 수온이 1도씩 올라갈수록 대기 중 습도는 7% 정도 증가한다. 습기가 많아진 태풍이 빨리 지나가지 못하고 느리게 지나간다면 많은 수증기를 육지에 퍼붓게 되고 그 피해는 고스란히 인간에게 돌아간다. 따라서 우리는 지구 온난화 현상, 지구환경 보호에 힘써야 함을 되새기고 행동으로 옮겨야한다. 파괴적인 태풍이 때로는 적들의 침략을 막아주기도 하지만 점점 느려지고 강해지는 태풍에 대한 대비책은 둑을 쌓는 등의 안전 대비책 보다 원론적인 지구 온난화 현상에 대한 관심과 실천이라고 강조하고 싶다.

키워드 : 태풍, 에너지 덩어리, 파괴, 재산피해, 지구 온난화, 태풍 이동속도, 지구환경 보호

파괴와 순환의 바람

오늘날 태풍이 한반도에 상륙하면 제주도를 시작으로 남해안, 충청도, 강원도 등 전국적으로 피해를 입는다. 이러한 현상은 예나 지금이나 똑같다. 태풍은 파괴적이다. 해일과 풍랑을 일으켜 인명 피해, 민가의 침수와 가축의 유실, 어선의 파괴, 폭우로 인한 산사태 등 그 피해 정도는 어마어마하다. 특히 바다와 접한 남해안지역은 평지가 많아 만조 시에는 풍랑과 해일에 의한 피해도 크다. 조선시대에도 이와 유사한 피해기록들이 많다. 사망자가 발생하고 바닷물이 넘쳐 밭을 황폐화 시키고 민가가 무너지고 배가 떠내려갔다. 특히 태풍이 가져오는 어마어마한 에너지는 엄청난 파괴력을 지닌다. 태풍은 파괴의 바람이다.

사진6 태풍 직전, 김종옥

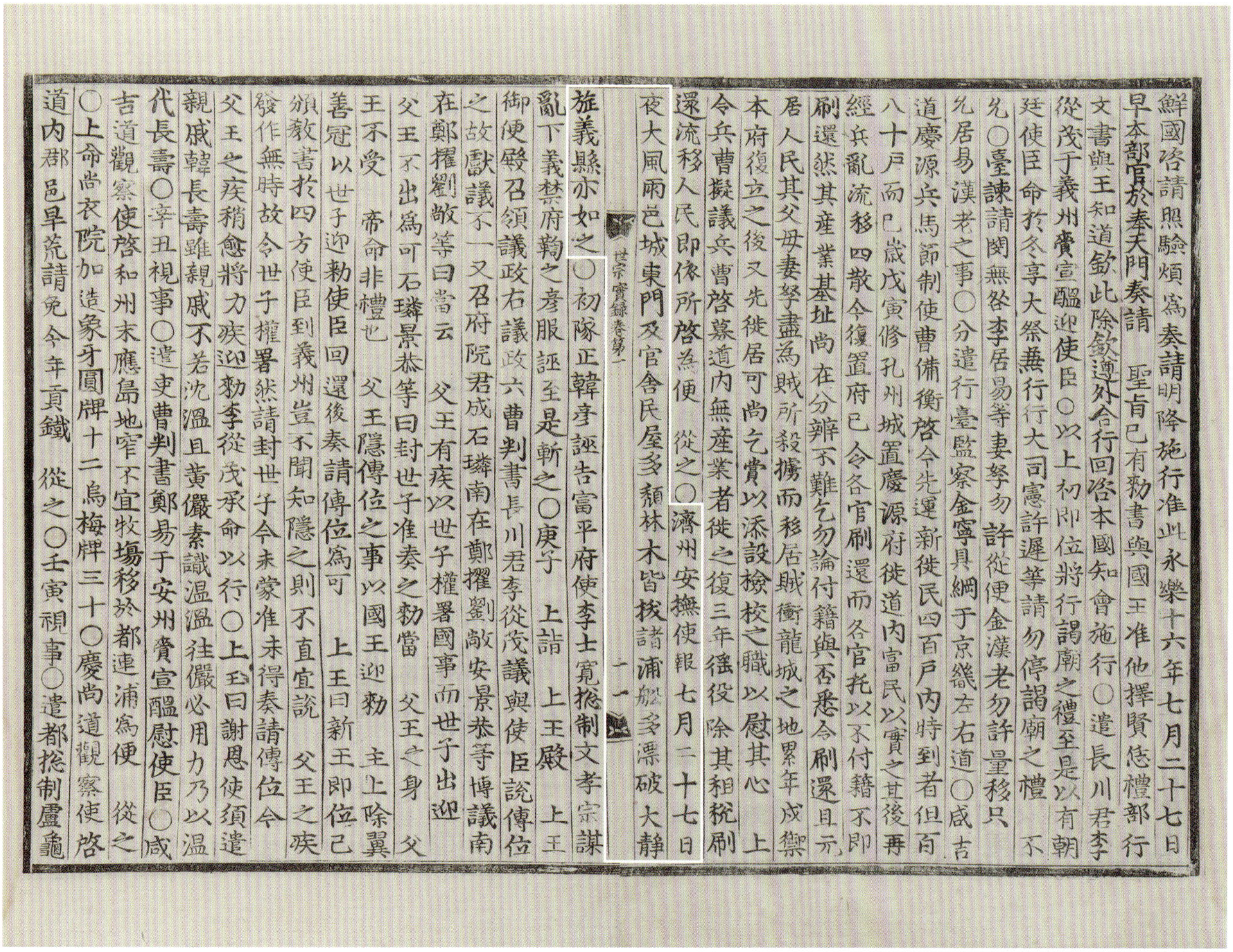

鮮國咨請照驗煩爲奏請明降施行准此永樂十六年七月二十七日
早本部官於奉天門奏請 聖旨已有勑書與國王准他擇賢恁禮部行
文書與王知道欽此除欽遵外合行回咨本國知會施行○遣長川君李
從茂于義州賫宣醞迎使臣○以上初卽位將行謁廟之禮至是以有朝
廷使臣命於冬享大祭幷行行大司憲許遲等請勿停謁廟之禮 不
允○臺諫請閔無咎李居易等妻孥勿許從便金漢老勿許量移只
允居易漢老之事○分遣行臺監察金寧具綱于京畿左右道○咸吉
道慶源兵馬節制使曹備衡啓今先運新徙民四百戶內時到者但百
八十戶而已歲戊寅修孔州城置慶源府徙道內富民以實之其後再
經兵亂流移四散今復置府已令各官刷還而各官托以不付籍不卽
刷還然其產業基址尚在分辨不難乞勿論付籍與否悉令刷還且元
居人民其父母妻孥盡爲賊所殺携而移居賊衝龍城之地累年戍禦
本府復立之後又先徙居可尚乞賞以添設檢校之職以慰其心 上
令兵曹擬議兵曹啓募道內無產業者徙之復三年徭役除其租稅刷
還流移人民卽依所啓爲便 從之○濟州安撫使報七月二十七日
夜大風雨邑城東門及官舍民屋多頹林木皆拔諸浦船多漂破大靜

世宗實錄卷第一 一一

旌義縣亦如之○初隊正韓彥誣告富平府使李士寬摠制文孝宗謀
亂下義禁府鞫之彥服誣至是斬之○庚子 上詣 上王殿 上王
御便殿召領議政右議政六曹判書長川君李從茂議與使臣說傳位
之故獻議不一又召府院君成石璘南在鄭擢劉敞安景恭等博議南
在鄭擢劉敞等曰當云 父王有疾以世子權署國事而世子出迎
父王不出爲可石璘景恭等曰封世子准奏之勑當 父王之身 父
王不受 帝命非禮也 父王隱傳位之事以國王迎勑 主上除翼
善冠以世子迎勑使臣回還後奏請傳位爲可 上王曰新王卽位已
頒教書於四方使臣到義州豈不聞知隱之則不直宜說 父王之疾
發作無時故令世子權署然請封世子今未蒙准未得奏請傳位今
父王之疾稍愈將力疾迎勑李從茂承命以行○上王曰謝恩使須遣
親戚韓長壽雖親戚不若沈溫且黃儼素識溫溫往儼必用力乃以溫
代長壽○辛丑視事○遣吏曹判書鄭易于安州賫宣醞慰使臣○咸
吉道觀察使啓和州末應島地窄不宜牧場移於都連浦爲便 從之
○上命尚衣院加造象牙圓牌十二烏梅牌三十○慶尚道觀察使啓
道內郡邑旱荒請免今年貢鐵 從之○壬寅視事○遣都摠制盧龜

* 26

세종실록 世宗實錄

Sejongsillok, Veritable Records of King Sejong

황보인皇甫仁(?~1453) 등
조선 1454년
43.4×31.2
국가기록원 부산역사기록관

『세종실록』 1권, 세종 즉위년(1418) 8월 22일

제주 안무사濟州安撫使가 보고하기를, "7월 27일 밤에 큰 비바람이 쳐서 읍성의 동문과 관사, 민가들이 많이 무너지고 수목이 모두 뿌리째 뽑히고, 여러 포구의 선박들도 많이 떠내려가고 깨지고 하였사온데, 대정大靜과 정의旌義 두 고을도 이와 같습니다." 하였다.

濟州按撫使報: "七月二十七日夜大風雨, 邑城東門及官舍、民屋多頹, 林木皆拔, 諸浦船多漂破. 大靜、旌義縣亦如之."

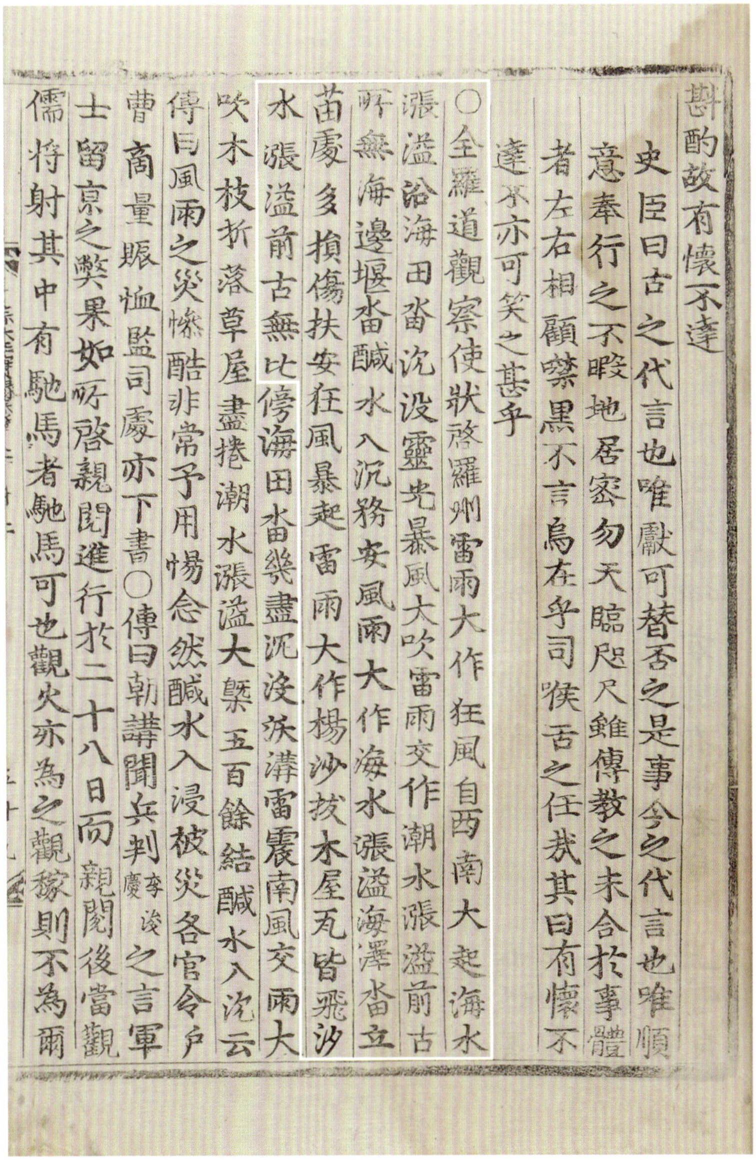

* 27

명종실록 明宗實錄

Myeongjongsillok, Veritable Records of King Myeongjong

홍섬洪暹(1504~1585) 등
조선 1571년
43.4×31.2
국가기록원 부산역사기록관

『명종실록』 22권, 명종 12년(1557) 4월 25일

전라도 관찰사가 장계를 올리기를, "나주羅州에서는 천둥을 동반한 비가 크게 쏟아졌고 태풍이 서남쪽에서 크게 불어와 바닷물이 넘쳐 해안의 전답이 침몰되었으며, 영광靈光에서는 폭풍이 크게 불고 천둥을 동반한 비가 쏟아지고 조수가 넘쳤으니 이는 전고에 없었던 일입니다. 해변의 언답堰畓이 넘쳐들어온 짠물에 잠겼고 … 부안扶安에서는 태풍이 사납게 몰아치고 천둥을 동반한 비가 크게 쏟아졌고 모래가 날리고 나무가 뽑히고 지붕의 기와가 날아갔으며 조수물이 넘쳤으니 이는 전고에 없었던 일입니다 …

全羅道觀察使狀啓: 羅州雷雨大作, 狂風自西南大起, 海水漲溢, 沿海田畓沈沒. 靈光, 暴風大吹, 雷雨交作, 潮水漲溢, 前古所無, 海邊堰畓, 鹹水入沈 … 扶安, 狂風暴起, 雷雨大作, 揚沙拔木, 屋瓦皆飛, 汐水漲溢, 前古無比 …

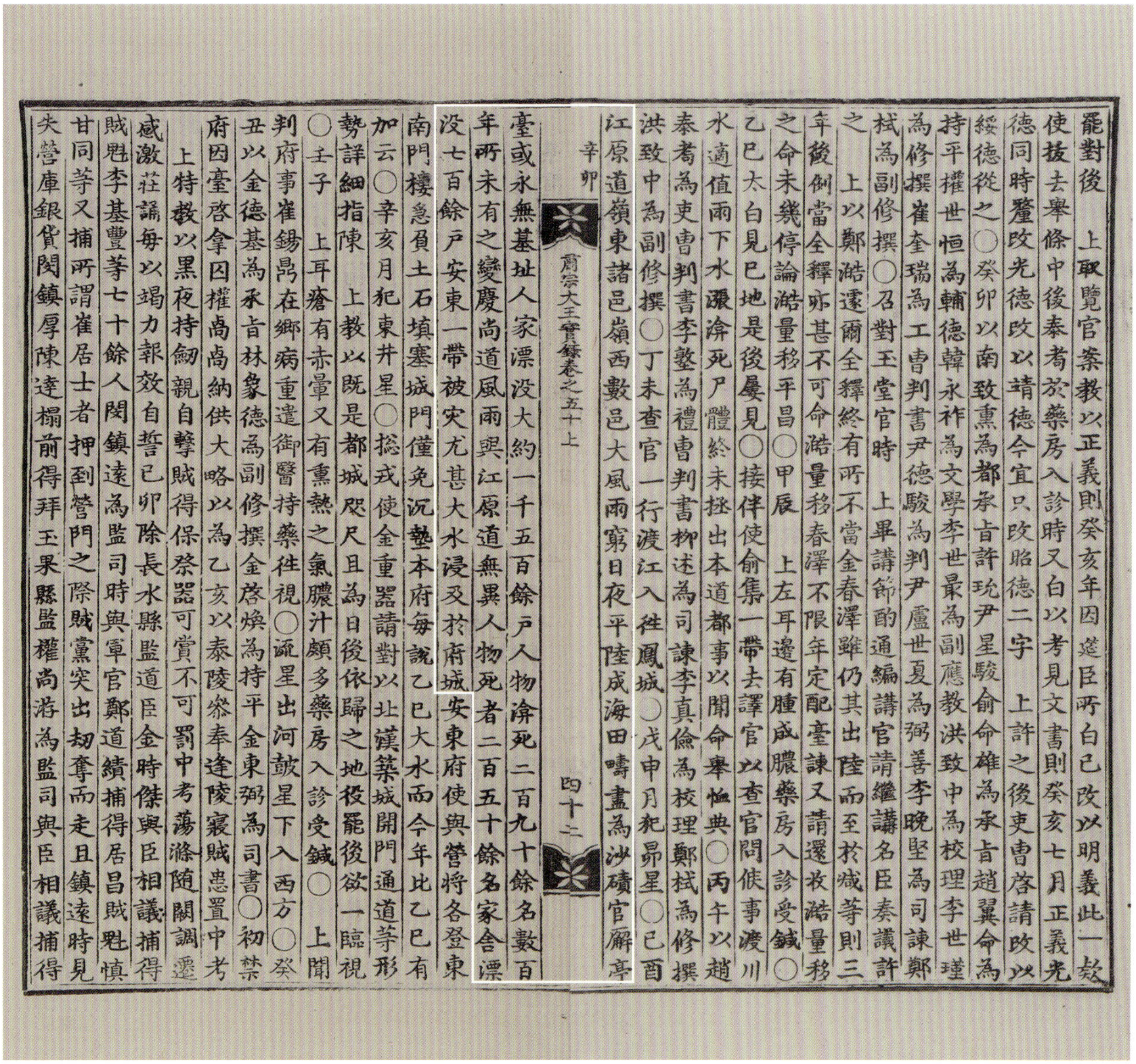

* 28

숙종실록 肅宗實錄

Sukjongsillok, Veritable Records of King Sukjong

이광좌李光佐(1674~1740) 등
조선 1728년
43.4×31.2
국가기록원 부산역사기록관

『숙종실록』 50권, 숙종 37년(1711) 7월 22일

강원도 영동의 제읍諸邑과 영서의 수읍數邑에 대풍우大風雨가 밤낮을 다하도록 내려서 평지가 바다를 이루고, 밭과 논이 다 모래와 자갈 땅이 되었으며 … 표몰漂沒된 인가가 대략 1천 5백여 호에 달하고 빠져 죽은 인물이 2백 90여 명이나 되었으니, 수백년 동안에 있지 않았던 변이었다. 경상도에도 풍우風雨가 강원도와 다름이 없었으니, 사망한 인물이 2백 50여 명이고, 표몰된 가사家舍가 7백여 호나 되었다. 안동 일대는 재해를 입은 것이 더욱 심하여 큰 물에 부성府城까지 잠기어 …

江原道嶺東諸邑, 嶺西數邑, 大風雨窮日夜, 平陸成海, 田疇盡爲沙磧 … 人家漂沒, 大約一千五百餘戶, 人物渰死, 二百九十餘名, 數百年所未有之變. 慶尙道風雨, 與江原道無異, 人物死者, 二百五十餘名, 家舍漂沒七百餘戶. 安東一帶被災尤甚, 大水浸及於府城 …

TIP

기록적인 2019년 태풍 속으로

태풍은 연간 25개~30개 정도 발생하며 우리나라에 영향을 주는 태풍은 평균 약 3~4개 정도라고 한다. 그러나 1950년 태풍 관측 이후, 2019년에 7개의 태풍이 우리나라에 영향을 준 해라는 기록을 세웠다.

7개의 태풍 이름은 다나스, 프란시스코, 레끼마, 크로사, 링링, 타파, 미탁으로 7월에서 10월 초까지 골고루 영향을 끼쳤다. 그 중 제19호 하기비스는 태풍의 크기가 매우 컸기 때문에 동해안 일부가 간접영향을 받기도 하였다. 특히 제1호 태풍인 파북은 1월 1일에 발생한 유일한 태풍으로 기록되었다.

2019년에 발생한 태풍

1901(파북, 1.1~1.4)

1902(우딥, 2.20~2.28)

1903(스팟, 6.27~6.28)

1904(문, 7.2~7.4)

1905(다나스, 7.16~7.20)

1906(나리, 7.16~7.20)

1907(위파, 7.31~8.3)

1908(프란시스코, 8.2~8.6)

1909(레끼마, 8.4~8.12)

1910(크로사, 8.6~8.16)

1911(바이루, 8.21~8.25)

1912(버들, 8.27~8.30)

1913(링링, 9.2~9.8)

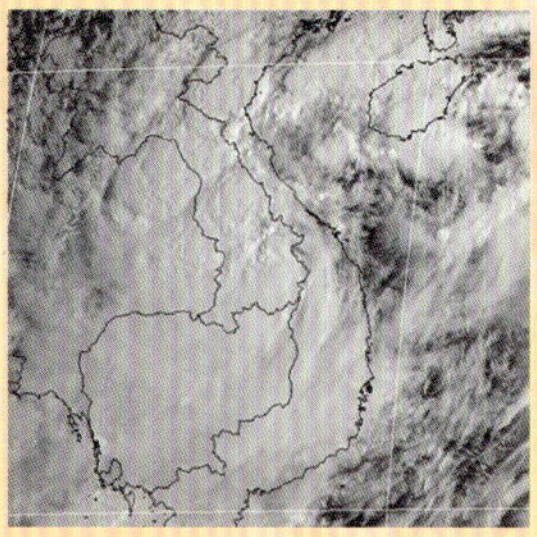
1914(가지키, 9.3~9.3)

1915(파사이, 9.5~9.10)

우리나라 역대 최악의 태풍(1904 ~ 2019년 기준)

구분	강한 태풍		인명 피해		재산 피해	
	최대 순간풍속	단위 : m/s	인명(사망 · 실종)	단위 : 명	재산(피해액)	단위 : 억원
1	매미(2003.9.6 ~ 9.14)	60.0	3693호(1936.8.21 ~ 8.28)	1,232	루사(2002.8.23 ~ 9.1)	51,479
2	쁘라삐룬(2000.8.27 ~ 9.1)	58.3	2353호(1923.8.7 ~ 8.14)	1,157	매미(2003.9.6 ~ 9.14)	42,225
3	루사(2002.8.23 ~ 9.1)	56.7	사라(1959.9.11 ~ 9.19)	849	에위니아(2006.7.1 ~ 7.10)	18,344
4	차바(2016.9.28 ~ 10.6)	56.5	베티(1972.8.9 ~ 8.18)	550	올가(1999.7.30 ~ 8.3)	10,490
5	링링(2019.9.2 ~ 9.8)	54.4	2560호(1925.7.10 ~ 7.18)	516	볼라벤, 덴빈(2012.8.25 ~ 8.30)	6,365
6	나리(2007.9.13 ~ 9.17)	52.4	1428호(1914.9.7 ~ 9.13)	432	재니스(1995.8.22 ~ 8.26)	4,563
7	볼라벤(2012.8.20 ~ 8.29)	51.8	3383호(1933.7.28 ~ 8.5)	415	셀마(1987.7.9 ~ 7.16)	3,913
8	테드(1992.9.19 ~ 9.24)	51.0	셀마(1987.7.9 ~ 7.16)	345	산바(2012.9.15 ~ 9.17)	3,657
9	베라(1986.8.16 ~ 8.28)	49.0	3486호(1934.7.12 ~ 7.24)	265	예니(1998.9.28 ~ 9.30)	2,749
10	나비(2005.8.29 ~ 9.8)	47.3	루사(2002.8.23 ~ 9.1)	246	쁘라삐룬(2000.8.27 ~ 9.1)	2,520

※ 행정안전부의 통계자료를 이용했으며, 재산피해액은 당해연도 가격 기준임.

※ 1995년 재니스, 1996년 에위니아, 1999년 태풍 올가, 2000년 태풍 쁘라삐룬의 피해액은 호우와 태풍의 중복피해액임.

※ 2012년 볼라벤과 덴빈은 연이어 발생하여 피해액이 중복되었음.

※ 태풍이름 대신 숫자로 표기된 것은 태풍이름이 생기기 전임.

1916(페이파, 9.15~9.16)

1917(타파, 9.19~9.23)

1918(미탁, 9.28~10.3)

1919(하기비스, 10.6~10.13)

1920(너구리, 10.18~10.21)

1921(부알로이, 10.19~10.25)

1922(마트모, 10.30~10.31)

1923(할롱, 11.3~11.9)

1924(나크리, 11.5~11.11)

1925(펑선, 11.12~11.17)

1926(갈매기, 11.13~11.20)

1927(풍웡, 11.20~11.23)

1928(간무리,11.26~12.6)

1929(판폰, 12.22~12.28)

※ ▢ 2019년 우리나라에 영향을 준 태풍

태풍 예측이 더 어렵다. 후지와라 효과

태풍이 오는 시즌이면 기상청의 하루는 고달프다. 태풍의 이동 경로를 예측하여 알려주어야 하기 때문이다. 아직 다가오지 않았지만 곧 다가올 강력한 태풍일 경우는 더 그러하다. 보통 태풍이 하나 정도가 발생해서 이동하거나 소멸하거나 하지만 동시에 두 개의 태풍이 발생할 경우는 그 예측이 매우 어렵다. 왜냐하면 두 개의 태풍이 서로에게 영향을 주면서 이동하기 때문에 이동경로와 강도가 변화무쌍하다. 이러한 태풍의 상호 간섭 현상을 '후지와라 현상'이라고 하는데 일본의 기상학자 후지와라 사쿠헤이[藤原咲平]가 처음 발견하였다.

효과에 의해 두개의 열대저기압은 서로 반시계방향으로 회전하거나 동행하는 등 여러 가지 운동 형태를 나타내게 된다. 태풍 두 개가 동시에 이동하거나 하나를 따라가거나 나란히 이동하는 등 약 6개의 유형으로 분류되기도 한다. 두 개의 태풍이 발생하고 후지와라 효과가 발생하려면 열대저기압의 크기, 강도, 세기에 따라 다르지만, 대체로 1,000km 범위 이내에 들어야 한다. 주로 태평양, 특히 북서 태평양에서 많이 볼 수 있고, 대서양이나 인도양에서는 잘 발생하지 않는다.

인공위성에서 바라보면 마치 두 개의 외눈박이 바람이 용호상박龍虎相搏처럼 싸우는 것처럼 보인다.

태풍의 눈은 왜 생길까?

지구가 태양으로부터 열을 받아 해수면의 온도가 27° 이상 높아지면 바다 표면에 있는 공기는 위로 올라간다. 이 때 상대적으로 바다 표면의 공기 양이 적어져 기압이 낮아진다. 기압이 낮아질 경우 바람은 밖에서 안으로 시계 반대 방향으로 휘어져 들어온다. 지구가 자전하며 생기는 힘인 전향력 때문이다. 따라서 태풍의 모양은 바람개비가 도는 모양과 비슷한데 욕조의 물이 빠져나가는 현상과 유사하다.

2012년 제15호 태풍 볼라벤의 북진에 따른 14호 태풍 덴빈의 이동 모습

2013년 제24호 다나스의 구름 온도 컬러적외 사진

태풍위원회 ESCAP·WMO Typhoon Committee

태풍위원회ESCAP/WMO Typhoon Committee는 아시아 · 태평양 지역 내의 태풍에 대비한 기술교류와 공동으로 협력하기 위해 설치한 기관이다. 1968년 아시아 태평양 경제 사회 위원회ESCAP와 세계 기상 기구WMO가 공동으로 설립하였다. 매년 회의를 개최하며 사업 주관기관은 ESCAPEconomic and Social Commission for Asia and the Pacific이며, WMOWorld Meteorological Organization는 사업수행 지원기관이다.

회원국은 대한민국, 일본, 중국, 태국, 필리핀, 홍콩, 마카오, 말레이시아, 베트남, 라오스, 캄보디아, 북한, 싱가포르, 미국으로 총 14개국이며 필리핀 마닐라에 사무국이 있다. 기상, 수문, 방재, 훈련, 연구 등의 분야로 구분되고 나라마다 태풍 재해에 대한 예방과 공동 대처방안을 논의하고 관련된 연구를 진행하고 있다.

제주지방기상청

제주지방기상청은 기상청 산하 기관으로 제주와 인접한 지역의 기상 관측, 감시, 예보 등을 실시하고 있는 기관이다. 1923년 5월 1일 제주 측후소에서 출발하여 1992년 2월 제주기상대, 1998년 2월 제주지방기상청으로 격상하여 현재에 이르고 있다.

현재 관측자동화를 위한 종합기상관측장비ASOS를 도입하여 실시간으로 기상관측을 실시하고 예보업무를 하고 있다. 제주지방기상청이 보유하고 있는 기상원부와 관측장비들은 기상관측의 역사를 보여주는 중요한 자료이다.

국가태풍센터

우리나라 국가태풍센터는 기상청이 있는 서울에 있는 것이 아니라 제주도에 있다. 그 이유는 우리나라에 영향을 주는 태풍의 70~80%가 제주도를 지나기 때문이다. 이처럼 제주는 태풍의 길목에 있다는 상징적인 의미가 있어 국가태풍센터를 설치하고 태풍에 대한 데이터를 측정하고 이와 관련해서 전국에 있는 기상청과 연결하여 대비책을 마련한다. 국가태풍센터는 인공위성을 통해 태풍에 발생하는 적도 지방을 예의주시하고 있으며 언제 발생해서 어디로 이동할 것인지를 예측한다. 태풍 발생과 이동경로에 대한 수많은 데이터 정리와 분석은 슈퍼컴퓨터가 처리하고 있다. 그러나 이 슈퍼컴퓨터는 충북 청원군에 위치한 국가기상슈퍼컴퓨터센터에 있다. 슈퍼컴퓨터가 처리한 다양한 정보를 바탕으로 기상예보관이 판단하여 우리에게 기상정보를 알려주는 것이다.

점점 느려지는 태풍에 대해 고민하다

지구가 점점 따뜻해진다. 바다 수온이 1도씩 올라갈수록 대기 중 습도는 7% 정도 증가한다. 대기 중의 수증기는 태풍의 연료로 활용되고 지구온난화로 인한 해수면의 온도 상승은 태풍의 강도를 강하게 하여 그 피해가 더 커지게 되는 결과로 이어질 수 있다. 또 지구 온난화는 위도에 따른 온도의 격차를 낮추게 되어 바람의 세기를 약하게 한다. 약한 바람은 태풍의 속도가 점점 느려지게 하고 대기의 상층과 하층의 급격한 바람 차이인 윈드시어Wind Shear가 줄어들면서 태풍의 강도는 더 세지는 결과를 만든다. 마지막으로 급격히 많아진 수증기는 커다른 적란운을 만들고 하층부는 상대적으로 기압이 떨어지면서 태풍의 내외부의 기압 차이가 커지면서 더 강한 태풍이 만들어지게 된다.

가을 태풍의 위력

태풍하면 여름이지만 그 위력은 가을 태풍이 강하다. 북태평양 해수면 온도가 가장 높은 때이기 때문이다. 해수면 온도가 높을수록 에너지 공급량이 많아져 강한 태풍으로 발달하게 된다. 가을 태풍은 내륙으로 향하면서 차가운 기단을 만나 강풍과 함께 엄청난 비를 뿌리기 때문에 태풍 피해 중 높은 순위를 차지하는 것이 가을 태풍이다.

사진7 태풍의 피해, 김동욱

1795년 제주 섬을 덮친 태풍, 제주 섬여성이 구원하다

18세기 후반 제주의 기근은 극심했다.
태풍까지 불어닥쳐 그 피해는 상상을 초월하였다.
이 때 백성을 위해 자신의 재산을 기꺼이 베풀었던 사람이 있었으니
제주 관가 기생 출신이었던 김만덕이었다.

사진8 김만덕 국가표준영정, 김만덕기념관

제주 좌면 동복리에서 태어난 김만덕金萬德(1739~1812)은 일찍이 부모를 잃고 외삼촌과 살다가 제주 관가의 기생이 되었다. 그러나 기생의 신분에서 벗어나 양인이 된 김만덕은 객주 일을 시작하였고 육지와 제주도를 오가면서 제주 특산물인 귤, 미역, 말총, 양태(갓의 재료)를 육지의 옷감, 장신구, 화장품과 교환하여 판매하는 등 상당한 능력을 발휘하여 부호 거상이 되었다.

1795년 태풍으로 피해가 극심했던 제주 백성들은 굶어죽는 게 다반사였다. 그 사이 인구가 10만 명에서 약 3만 명으로 줄어들었고 이를 안 조정에서도 구휼 식량을 제주도로 보냈으나 이마저도 태풍으로 실패하고 말았다고 한다.

이를 지켜보던 김만덕은 제주 백성들을 위해 곡식 500섬을 내놓았고 이를 전해 들은 정조는 김만덕의 소원을 물어보았다. 그 소원은 한양에 가서 임금을 만나 뵙고 금강산 구경하는 것이라 하니 명예 관직인 내의원 '의녀반수'에 봉하여 그 소원이 이루게 해주었다.

또 정조는 영의정 채제공으로 하여금 그녀의 일대기인 '만덕전'을 쓰게 하였다. 「만덕전萬德傳」은 조선시대 여성으로서 여러 역경을 이겨낸 것과 백성을 구휼한 점, 임금의 배려로 한양과 금강산을 경험한 것에 대해 기록한 것으로 『번암집樊巖集』에 실려 있다.

2012년 제16호 태풍 산바SANBA

태풍 산바는 마카오에서 제출한 이름으로 마카오의 대표건축물인 성바오로 성당을 뜻한다. 9월 11일에 발생하여 9월 18일에 소멸하였으며 중심기압 910hPa, 최대풍속 56m/s로 2012년 태풍 중 가장 강력한 태풍이다. 이 태풍은 제14호 덴빈TEMBIN, 제15호 볼라벤BOLAVEN과 함께 3개의 태풍이 연속적으로 한반도에 상륙한 최초의 사례이다. 9월 17일 경남 남해군을 통과하여 동해상으로 빠져나갔는데, 당시 강풍과 폭우를 동반하여 영남지역에 큰 피해를 주었다. 재산피해액은 3,657억원, 인명피해(사망 2명, 부상 2명)과 200여 명의 이재민이 발생하였다.

사진9 2012년 태풍 산바의 위력, 형민우

2012년 9월 한반도를 강타한 태풍 산바로 전남 여수시 오동도 앞바다에
강한 비바람이 몰아쳐 해안이 침수되고 있는 모습이다.

2014년 제8호 태풍 너구리NEOGURI

태풍 너구리는 우리나라에서 제출한 이름으로 동물인 너구리를 뜻한다. 7월 4일에 발행하여 7월 11일에 소멸하였으며 중심기압 915hPa, 최대풍속 54m/s로 2014년도에 처음으로 우리나라에 영향을 주었다.

이 태풍은 일본 오키나와, 큐슈를 거쳐 일본 열도를 따라 북상하였고 우리나라에서는 제주도와 남부지역에 영향을 주었다. 당시 가뭄이 심각하여 태풍으로 인해 가뭄이 해소될 것으로 기대했으나 뜨거운 공기가 밀려오면서 일부지역에서는 폭염현상이 나타났다.

사진10 2014년 태풍 너구리 오던 날, 배성환

2014년 태풍 너구리 도래시, 태풍의 길목이었던 여수 만성리 해변을 쓸어가는 파도이다.

파괴적인 태풍, 오히려 일본을 구했다. 신풍神風 가미카제

1274년 유라시아 대륙을 정복한 몽골은 고려를 비롯하여 일본을 공략하여 대제국을 건설하고자 하였다. 몽골은 일본 정벌을 위해 1274년과 1281년 두 차례에 걸쳐 여원연합군을 결성하여 일본 하카다에서 전투를 벌였다. 1271년의 전투에서는 여원연합군의 승리로 돌아갔다. 그러나 갑자기 몰아친 거대한 바람은 여원연합군의 군선 300척을 파괴하고 많은 수의 목숨을 앗아갔다. 이후 몽골은 7년이 지난 1281년, 대규모 병력을 이끌고 다시 일본을 침략하였다. 1281년 8월 15일, 검은 먹구름과 거세게 불기 시작한 바람이 불어오기 시작하면서 이틀 동안 집채만한 파도와 사투를 벌여야 했으며 곧 군선과 병력의 대부분이 전멸하고 말았다. 결국 일본은 동아시아 국가 중 몽골이 점령하지 못한 유일한 나라가 되었고 적을 물리쳐준 바람을 '신의 바람', '신풍神風', '가미카제kamikaze'라 불렀다.

* 29

고려사 高麗史

Goryeosa, The History of Goryeo Dynasty

김종서金宗瑞(1383~1453) 등
조선 1613년
목판본
34.4×21.0
서울대학교규장각한국학연구원

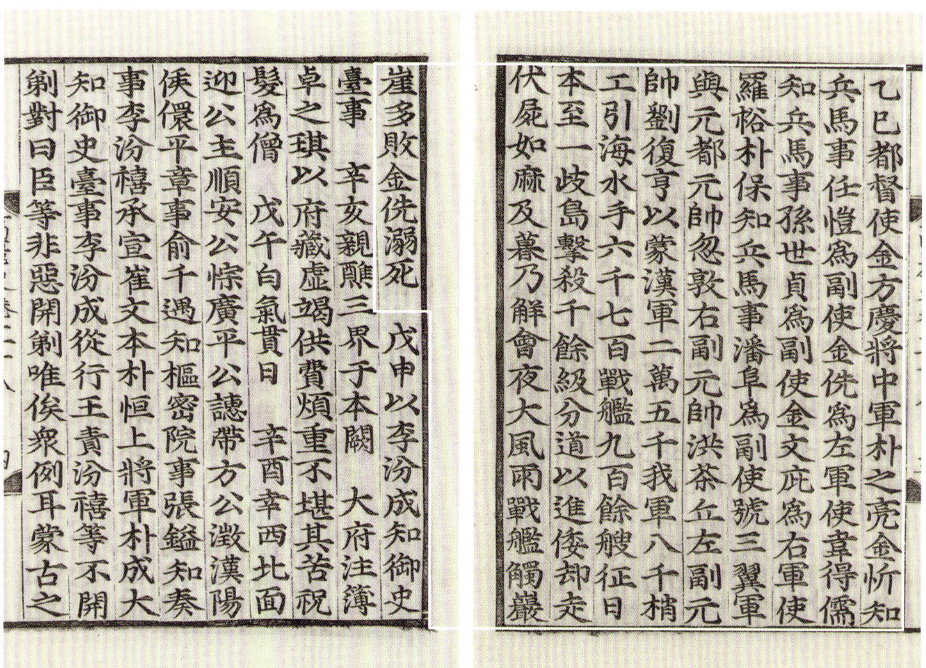
乙巳都督使金方慶將中軍朴之亮金忻知
兵馬事任愷爲副使金侁爲左軍使韋得儒
知兵馬事孫世貞爲副使金文庇爲右軍使
羅裕朴保知兵馬事潘阜爲副使號三翼軍
與元都元帥忽敦右副元帥洪茶丘左副元
帥劉復亨以蒙漢軍二萬五千我軍八千梢
工引海水手六千七百戰艦九百餘艘征日
本至一岐島擊殺千餘級分道以進倭却走
伏屍如麻及暮乃解會夜大風雨戰艦觸巖
崖多敗金侁溺死 戊申以李汾成知御史
臺事 辛亥親醮三界于本闕 大府注簿
卓之琪以府藏虛竭供費煩重不堪其苦祝
髮爲僧 戊午白氣貫日 辛酉幸西北面
迎公主順安公悰廣平公譓帶方公澂漢陽
侯儇平章事兪千遇知樞密院事張鎰知奏
事李汾禧承宣崔文本朴恒上將軍朴成大
知御史臺事李汾成從行王責汾禧等不開
剃對曰臣等非惡開剃唯俟衆例耳蒙古之

『고려사』 28권, 「세가」 28, 충렬왕 즉위년(1274) 10월 3일(음)/11월 2일(양)

겨울 10월 을사 도독사都督使 김방경金方慶은 중군中軍을 거느리게 하고, … 일본을 정벌하게 하였다.
일기도一岐島에 이르러 1,000여 명을 쳐 죽이고 길을 나누어 진격하였다. 왜인들이 달아나는데 쓰러진 시체가 마치 삼대 같았다. 날이 저물어 이내 공격을 늦추었는데 마침 밤에 폭풍우가 크게 불어서 전함들이 바위와 벼랑에 부딪쳐 많이 부서지고 김신金侁은 익사하였다.
冬十月 乙巳 都督使金方慶將中軍, … 征日本. 至一岐島, 擊殺千餘級, 分道以進, 倭却走, 伏屍如麻. 及暮乃解, 會夜大風雨, 戰艦觸巖崖, 多敗, 金侁溺死.

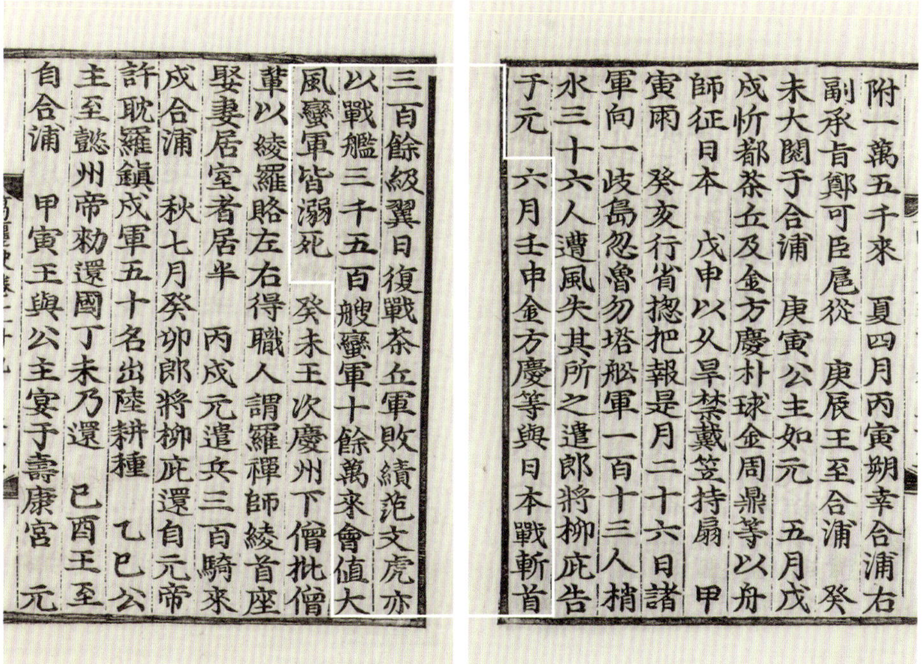

附一萬五千來 夏四月丙寅朔幸合浦右
副承旨鄭可臣扈從 庚辰王至合浦 癸
未大閱于合浦 庚寅公主如元 五月戊
戌忻都茶丘及金方慶朴球金周鼎等以舟
師征日本 戊申以久旱禁戴笠持扇 甲
寅雨 癸亥行省摠把報是月二十六日諸
軍向一岐島忽魯勿塔船軍一百十三人梢
水三十六人遭風失其所之遣郎將柳庇告
于元 六月壬申金方慶等與日本戰斬首
三百餘級翼日復戰茶丘軍敗績范文虎亦
以戰艦三千五百艘蠻軍十餘萬來會值大
風蠻軍皆溺死 癸未王次慶州下僧批僧
華以綾羅賂左右得職人謂羅禪師綾首座
娶妻居室者居半 丙戌元遣兵三百騎來
戍合浦 秋七月癸卯郎將柳庇還自元帝
許耽羅鎭戍軍五十名出陸耕種 乙巳公
主至懿州帝勅還國丁未乃還 己酉王至
自合浦 甲寅王與公主宴于壽康宮 元

『고려사』 29권, 「세가」 29,
충렬왕 7년(1281)
6월 8일(음)/6월 25일(양)

6월 임신 김방경金方慶 등이 일본과 싸워 300여 급級을 베었다. 다음 날 전투하였는데 홍다구洪茶丘의 군대가 패전하였다. 범문호范文虎는 또한 전함戰艦 3,500척에 만군蠻軍 10여만 명을 거느리고 오다가 태풍을 만나 만군이 모두 익사하였다.

六月 壬申 金方慶等與日本戰, 斬首三百餘級. 翼日復戰, 茶丘軍敗績. 范文虎亦以戰艦三千五百艘, 蠻軍十餘萬來, 會値大風, 蠻軍皆溺死.

사진11
다카시마 2호침몰선 사진
(마쓰우라시 교육위원회, 류큐대학(촬영, 편집 町村 剛)

여원연합군과 일본군의 전투는 일본 큐슈지역의 다카시마 해저유적에서 찾아볼 수 있다. 다카시마유적은 큐슈 나가사키현의 북부 이마리만 해저에 위치한 유적으로 1281년 일본을 침략한 여원연합군의 함대가 침몰한 곳이라 전한다. 이 일대에서는 13세기에 침몰한 것으로 추정되는 원나라의 군선 2척이 확인되었다. 2011년에 발견된 침몰선은 길이는 20m가 넘는 대형선박으로 전형적인 중국선박이다. 선박에서는 폭탄으로 이용되었던 구형 토제품과 같은 무기류를 비롯하여 닻돌, 배에서 사용했던 생활용품들이 확인되었다. 2015년에도 한 척의 침몰선이 확인되었는데 역시 중국 도자기와 같은 생활도구들이 확인되었다. 침몰선에서 확인된 유물은 대부분 중국 원나라의 것으로 다카시마 해역에 태풍을 피하기 위해 왔다가 침몰한 것으로 추정된다.

Focus 2

태풍의 순환 에너지, 생태계를 좌우하다

비와 바람을 품은 에너지인 태풍은 마치 통각痛覺처럼 아프게 다가와서 수많은 피해를 남기고 간다. 이러한 결과 때문에 '태풍=피해=자연재해=파괴=죽음'라는 상투화된 인식이 나타났다. 그러나 우리는 자연현상의 단순화된 시야로부터 해방될 필요가 있다. 즉 태풍은 없어서는 안 될, 꼭 필요한 생태계의 에너지, 그 선한 영향력에 대한 인식의 활성화가 필요한 것이다.

태풍은 바다에서 발생하여 수증기를 먹고 자란 열대저기압이다. 바다 속에 쌓인 영양염류가 고르게 퍼지면서 생태계가 순환하고 플랑크톤을 분해시켜주기 때문에 해저생태계가 활성화된다. 또 육지의 강과 호수의 녹조나 적조를 제거해 주기도 한다. 또 적도의 포화상태인 열에너지를 극지방으로 이동 · 분산시켜준 덕분에 지구의 온도를 조절해 주고 대기질도 순환시켜주기 때문에 대기환경 개선에도 고마운 자연현상이다. 즉 인간이 살아가는데 긍정적인 영향력을 주는 주요한 대기현상 중의 하나인 것이다.

태풍이 품고 있는 다량의 비가 육지에 상륙하면서 뿌려지기 때문에 가뭄을 해소하여 농번기의 강수량을 책임진다. 가뭄에 지친 작물을 보면서 태풍을 기다리는 인간의 모순된 바램 앞에 비바람을 동반한 태풍은 효자일 수 밖에 없다.

태풍과 같은 거센 비바람은 아니지만 제주의 해안 근처에는 늘 불어오는 바람의 힘風力을 이용하여 에너지를 생산 · 활용하는 수십 미터의 거대한

풍력발전기를 볼 수 있다. 바람의 에너지를 거대한 기계를 통해 전기에너지로 바꾸는 것이다. 이 거대한 기계장치는 제주의 해안길의 색다른 풍경의 하나로 자리잡았다.

태풍은 우리에게 우연한 보물들을 안겨주면서 과거를 들여다볼 수 있는 기회를 준다. 바닷길을 통해 주변 나라와 교류를 했던 상인과 사신들의 흔적들은 갑자기 몰아친 태풍의 비바람에 꺾여 깊은 바닷속에 잠기게 되었고 지금의 우리에게 생생한 과거의 모습을 떠올리게 해준다. 침몰한 배에 대한 가장 대표적인 사례가 신안선이고 태풍에 의해 좌초되었을 것으로 추정하고 있다. 제주시 한경면 신창리 해역에서 금제품과 중국 도자기류가 확인된 것으로 보아 어느 지점에 침몰한 배가 있을 것으로 추정되어 바다 속을 조사하고 있다. 최근에는 태풍의 재해를 최소화하고 긍정적인 영향을 활용하기 위해 태풍의 활동과 예측에 대한 정량적인 연구가 진행되고 있다. 이러한 연구결과는 태풍에 대비하는 인간의 노력이고 함께 나아가기 위한 동반자적인 자세인 것이다.

키워드: 태풍, 해양생태계, 순환, 지구온도 조절, 가뭄해소, 풍력, 침몰선, 보물

FOCUS 2
태풍의 순환 에너지, 생태계를 좌우하다

1만 5,000년 전 사람 발자국, 태풍이 찾다

2012년 8월 27~28일에 거쳐 우리나라를 지나간 제15호 태풍 볼라벤은 제14호 태풍 덴빈과 거의 동시에 등장하였기 때문에 후지와라 효과[태풍 두 개가 인접하여 발생 · 이동할 경우 서로의 영향을 받아 세력이나 이동경로의 예측이 힘들다는 효과]가 일어나 피해가 컸던 사례 중 하나이다. 태풍 볼라벤이 제주를 휩쓸고 지나간 자리는 처참하였지만 아이러니하게도 약 15,000년 전의 사람 발자국 화석이 추가로 발견되어 화제가 되기도 하였다.

서귀포시 안덕면 사계리와 대정읍 상모리 주변 해안은 천연기념물 제464호로 사람 발자국과 동물 발자국 화석이 분포한 곳으로 유명한 장소로 태풍 때 화석층이 벗겨지면서 새롭게 노출된 층에서 7개의 사람 발자국과 50여 개의 새 발자국 화석이 발견된 것이다.

사진12 태풍이 지나간 서귀포시 사계리 해안 일대

사진13 새롭게 노출된 사람발자국

사진14 새발자국 모습

COLUMN

경상대학교
지질과학과 교수
손영관

송악산의 4천년 전 태풍 기록

송악산은 약 4천년 전 제주 남서부 연안에서 일어난 화산활동으로 형성된 오름으로서 제주도에서 가장 나이가 어린 오름이다. 4천년 전이라면 한반도는 물론 제주도에도 선사인들이 정착하여 생활하던 시기로서 육지 및 해양환경이 지금과 거의 같았던 시기다. 당시 제주도에 살던 우리의 선조는 송악산의 분출 광경을 직접 목격하였을 것이며, 그 증거가 사계리 해안의 사람발자국화석으로 남아있다.

송악산과 같은 화산은 몇 주에서 몇 달 사이의 짧은 분화작용으로 만들어진다. 송악산은 이처럼 짧은 분화 기간 동안 강력한 태풍을 만나 화산 내부에 매우 특이한 태풍의 흔적을 남기게 되었다. 송악산의 대부분은 화산재가 겹겹이 쌓여 만들어진 응회암으로 이루어져 있으나 해발 5.5m 고도까지 파도의 작용을 지시하는 지층이 나타난다. 이 지층들의 하부에는 강한 파도의 작용으로 응회암이 깎여 만들어진 침식면과 파도의 충격에 의해 응회암에 균열이 생기거나 층리가 뒤틀려 만들어진 변형구조가 나타난다. 층의 내부에는 수평층리, 저각도 및 고각도 사층리, 볼록 및 오목사층리 hummocky & swaley cross-stratification, 그리고 연흔 등의 구조가 나타난다. 이 퇴적구조들은 강한 파도의 작용이 있어야 만들어질 수 있는 구조들로서, 송악산이 한때 해발 5.5m 지점까지 물에 잠겨 파도의 작용을 받았음을 지시한다.

송악산의 짧았던 분출 기간 동안 일시적으로 5m 가량의 해수면 상승을 가져올 수 있었던 사건은 무엇이었을까? 가장 유력한 가능성은 바로 태풍typhoon과 관련된 폭풍해일storm surge이다. 폭풍 중심부는 낮은 기압과 강한 바람 때문에 주변 해역보다 해수면이 몇 m 높아지며, 이처럼 높아진 해수면이 폭풍과 함께 육지로 내습하게 되면 만조수위보다 더 높은 곳까지 바닷물이 범람하게 되는데, 이러한 현상을 폭풍해일이라고 한다.

제주 남부 연안에서 지난 수십 년간 관측된 폭풍해파의 파장과 파고 그리고 폭풍해일의 높이를 고려하여 태풍에 의해 해수면이 상승할 수 있는 최대치를 계산해본 결과 송악산의 폭풍퇴적층이 실제 산출하는 고도와 거의 일치하였음이 최근 연구를 통해 밝혀졌다. 이로써 송악산은 4천년 전에 발생했던 태풍의 지질학적 기록을 간직하고 있는 화산이며, 연안에 만들어진 화산들이 고태풍학paleotempestology 연구의 새로운 대상이 될 수 있음을 보여주는 화산으로 학계에 소개되고 있다.

1. 송악산 응회암의 중간부분에는 평소에 바닷물이 도달할 수 없는 고도(최대 해발 5.5m)에 파도의 작용으로 쌓인 퇴적층과 침식면이 나타난다. 송악산의 분출 도중 송악산이 폭풍해일에 의해 바닷물에 잠긴 후 파도의 작용을 받았음을 지시한다.

2. 사진 아래 부분은 화산재가 낙하하여 가지런히(평행하게) 쌓여 만들어진 응회암이다. 반면 사진의 윗부분은 폭풍해파의 작용으로 화산물질이 볼록 또는 오목한 사층리(hummocky or swaley cross-stratification) 구조를 만들며 쌓여있다.

COLUMN

제주대학교
태풍연구센터장
문일주

태풍의 위력과 순기능

1. 머리말

하멜표류기는 네덜란드 상인 하멜이 1653년 상선 스페르베르호를 타고 일본 나가사키로 가던 도중 태풍을 만나 난파되어 제주도에 표류한 후, 억류되었다가 우여곡절 끝에 탈출해서 1668년 네덜란드로 귀국하기까지의 고된 여정을 기록한 책이다. 그 당시에는 태풍이라는 개념조차 없었던 시기였기 때문에, 하멜은 13년간 조선에 억류되어 갖은 고생을 하면서 자신을 조선으로 인도한 것이 무엇인지도 모르고 하늘 만을 원망했을 것이다. 고대인들은 여름에 가끔씩 찾아온 태풍을 신성한 대상으로 여겼다. 대표적인 것이 일본의 "가미카제神風" 즉, 신의 바람이다. 신풍神風의 어원은 1274년과 1281년에 원나라가 두 번에 걸쳐 일본을 침공하였지만, 원정 도중에 태풍을 만나 전쟁에서 패한 것과 관련이 있다(그림 1). 일본인들은 그 당시 원나라의 침공으로부터 일본을 막아준 태풍을 '신의 바람' 이라고 믿었었다. 지금은 인공위성으로 태풍이 어디로 가고 있는지 알 수 있지만 그 당시에는 엄청만 파괴력을 가지고 예고 없이 찾아오는 태풍은 가히 신의 바람으로 여길만 했을 것이다.

1. 일본 전사 다케자키 수에나가(Takezaki Suenaga)가 원나라 침공 시기의 전쟁 장면을 그린 그림(Emanuel, 2005)

2. 태풍의 위력

과학기술의 발달로 태풍의 진로와 강도까지도 예측이 가능한 현대에도 태풍 앞에 인간은 초라한 존재이다. 1970년 11월 12일 사이클론 볼라Bhola는 동파키스탄(현재의 방글라데시)과 인도의 서벵골 주를 강타하여 무려 300,000만 명 이상의 목숨을 앗아갔다. 이것은 현재까지 기록된 가장 최악의 인명피해를 유발한 자연재해 중에 하나이다. 최근(2017년)에는 허리케인 하비Harvey가 미국 남부를 강타하여, 무려 1.5m의 비를 뿌리며 약 130조의 기록적인 재산피해를 발생시켰다. 가장 과학기술이 가장 발달한 미국 조차도 태풍 앞에서는 속수무책이었다. 우리나라도 1959년 태풍 사라, 2002년 태풍 매미(그림 2 참고), 2003년 태풍 루사, 그리고 2007년 태풍 나리(제주도에 가장 큰 피해 유발)로 인해 천문학적인 재산 및 인명 피해가 발생하였다. 통계에 의하면 우리나라 자연재해 피해의 약 60%는 태풍과 관련된 재해로 발생하는 것으로 알려져 있다.

전 세계적으로 태풍으로 인한 피해가 크다 보니, 태풍이 접근하면 어느 지역을 통과할지, 언제쯤 도착할지, 얼마나 많은 피해를 유발할지 관심의 초점이 된다. 이럴 때면 제발 태풍이 우리 지역만은 피해가기를 간절히 바라기도 한다. 그렇다면 태풍은 피해만을 유발하는 초대받지 못한 손님일까? 태풍이 영원히 사라진다면 좋은 것일까?

3. 태풍의 순기능

이 세상에 존재하는 모든 것에도 존재의 이유가 있듯이, 치명적인 태풍도 고유의 역할과 순기능이 존재한다. 태풍은 해수면 온도 26도 이상의 뜨거운 열대해역에서 발생하여 고위도로 이동한다. 태풍이 저위도에서 고위도 북상하게 되면, 열대해역의 에너지를 고위도로 이동시킨다. 즉, 태풍은 저위도의 과잉된 에너지와 고위도의 부족한 에너지의 불균형을 해소하는 역할을 한다. 지구상에는 태풍 이외에도 해류(난류와 한류)와 바람(무역풍, 편서풍, 계절풍 등)이 지구의 온도를 조절하는 역할을 한다. 이러한 것들이 없다면 열대지역은 더 더워지고 고위도는 더 추워질 것이다.

태풍은 강한 바람뿐 아니라 엄청난 양의 비를 뿌려 홍수 피해를 발생시킨다. 그러나 태풍에 동반되는 비는 육상에 수자원을 공급해 물 부족을 해소하는 역할을 한다. 사실 우리나라도 태풍에 의해 공급되는 강수량이 우리나라 전체 연강수량에 많은 부분을 차지하고 있다. 과거에 태풍이 몇 해 오지 않으면, 가뭄 피해가 더 심해지는 경우가 여러 번 있었다. 또한 가뭄이 지속되는 시기에 찾아온 태풍은 가뭄을 해갈하는 반가운 손님(즉 효자 태풍)이 된 적도 많았다. 만약 태풍이 사라진다면, 우리나라뿐 아니라 태풍이 더 자주 지나가는 필리핀과 괌 등에서는 매우 심각한 물 부족에 직면하게 될 것이다.

태풍은 강한 비바람을 동반하기 때문에 때로는 지상에 누적된 오물과 쓰레기를 청소해 준다. 또한 태풍의 강한 바람은 미세먼지와 황사와 같은 대기오염 물질을 정화해서 대기를 깨끗하게 청소한다. 바다에서도 태풍은 물을 섞어 유해한 플랑크톤을 없애고 해양 생물들에게 더 많은 산소를 공급하게 한다. 태풍에 의해 섞인 물은 크게 세 가지 작용을 한다. 첫째, 여름철 뜨겁게 달구어진 바다표면을 식히는 역할을 한다. 태풍은 표층의 따뜻한 물과 그 아래 찬 물을 섞어 해수면 온도를 낮춘다(그림 3 위쪽 참고). 바다로 둘러싸인 한반도는 이렇게 해수면온도가 낮아지면, 태풍 그 자체에 의한 무더위 해소 뿐 아니라 낮아진 수온으로 무더위가 한층 더 해소된다. 둘째, 바닷물이 섞이면 영양염류가 풍부한 하층의 물이 올라와 물고기의 밥이 되는 플랑크톤이 번식하게 되고, 이로 인해 물고기가 모여 어장이 형성된다(그림 3 아래쪽 참고). 물고기들은 어쩌면 태풍이 자주 와서 맛있는 밥상이 차려지기를 기다릴지도 모른다. 셋째, 태풍에 의해 섞인 해수는 장기적으로 기후에 영향을 미친다. 바다는 수직으로 강하게 층을 형성하고 있어 태양으로부터 해수 표면으로 공급된 열이 그 아래로 전달되기 어렵다. 그러나 태풍이 해수를 강하게 섞으면 표층의 수온은 하강하지만 동시에 그 아래 찬물도 온도가 올라가게 된다. 일반적으로 낮아진 표층의 수온은 태양에너지를 받아 보통 10일 정도면 상승하여 이전의 온도로 다시 돌아가지만 아래층에서 상승된 수온은 이전으로 금방 돌아가지 않고 다음 해까지도 유지된다. 이렇게 태풍은 태양에너지를 바다 아래로 전달하여 해양의 수온을 변화시켜 장기적으로 지구의 기후에 영향을 미치게 된다.

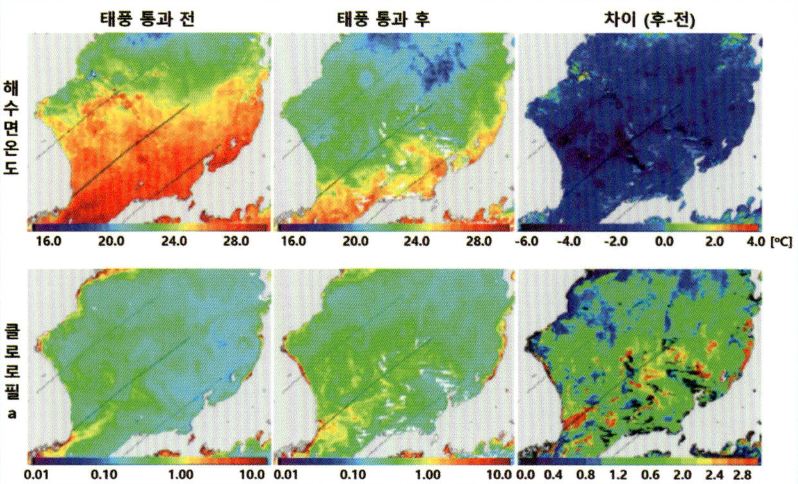

3. 2004년 8월 태풍 메기 통과 전과 후 동해의 해수면온도(위)와 클로로필 a(아래) 분포변화(Son et al., 2006). 오른쪽은 태풍 통과 후와 전의 차이를 나타냄. 태풍 통과 후 이동 경로를 따라 수온은 하강하고 클로로필 a는 증가한 것을 알 수 있음. 클로로필 a가 높은 곳은 플랑크톤이 번성하여 광합성이 활발함을 나타냄.

4. 맺음말

태풍은 엄청난 자연재해를 발생시키지만 지구의 온도를 조절하고, 바다와 대기를 청소하고, 육상에 물을 공급하고, 바다 아래로 열을 전달시키는 역할을 한다. 한때, 인간은 과학기술의 힘으로 태풍을 제어, 즉 태풍을 약화시키고 진행방향을 바꾸고자 하는 오만한 시도를 한 적이 있었다. 그러나 그때마다 태풍은 인간에게 태풍의 변형은 커녕 그 위력이 얼마나 강한지를 깨우쳐 주었다. 태풍의 존재를 몰랐던 과거에도 과학기술이 발달한 현재에도 거대한 태풍 앞에서는 인간은 나약한 존재에 불과하다. 철저한 대비만이 태풍에 의한 피해를 최소화할 수 있다. 나아가 태풍이 가진 순기능을 살린다면 이제는 치명적인 태풍도 효율적인 자연 자원으로 활용될 수 있을 것이다.

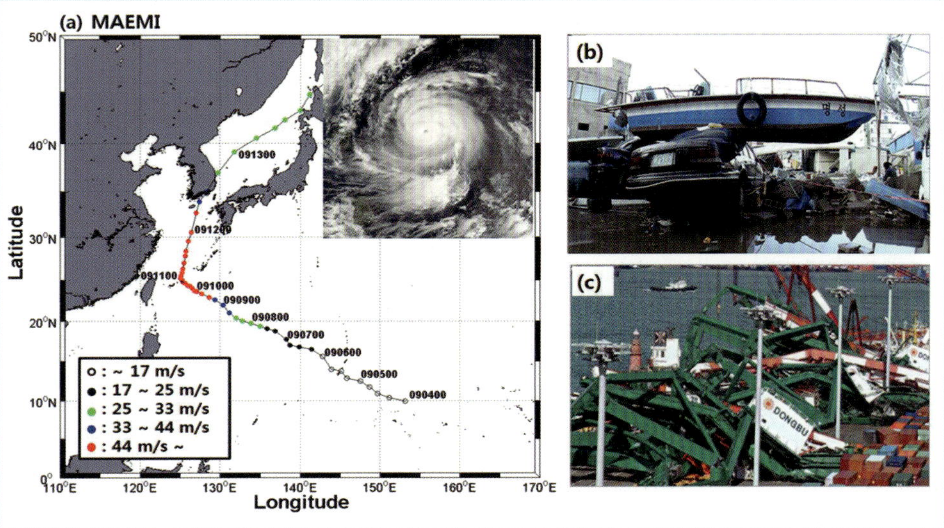

2. (a) 2003년 태풍 매미의 이동경로와 위성 구름사진. (b) 태풍 매미에 의해 발생한 마산 지역의 해일 피해 사진. (c) 태풍 매미에 의해 파괴된 부산항의 컨테이너 크레인 사진(Oh and Moon, 2012)

참고문헌

Emanuel, K. Divine wind, The History and Science of Hurricanes, Osford University Press, 2005, p.295.

Oh, S. M., Moon, I.-J., Typhoon and storm surge intensity changes in a warming climate around the Korean Peninsula, Natural Hazards, 66, 2013, 1405~1429.

Son, S., T. Platt, H. Bouman, D. Lee, and S. Sathyendranath, Satellite observation of chlorophyll and nutrients increase induced by Typhoon Megi in Japan East Sea, Geophys. Res. Lett. 33: L05607, doi:10.1029/2005GL025065, 2006.

고려시대 대형 선박의 해난사고와 태풍

사진15 전남 신안군 증도 전경

해난사고의 원인은 대개 기상상황이 좋고 나쁨에 달려 있다 해도 과언이 아니다. 폭풍, 태풍과 같은 바람은 선박의 침몰을 가져오는 큰 원인이 되었다. 태풍에 의해 침몰되었을 가능성이 있는 선박이 있는데 바로 신안선이다. 신안선은 1323년 경에 중국 닝보[寧波]를 떠나 일본 하카타[博多]로 가던 중국 원나라의 무역선이었다. 배에는 2만 여점의 무역품이 실려 있었으며 그 안에는 최종 목적지와 선적 날짜 등이 적여 있는 목간이 발견되었다. 목간 중에는 6월이라고 쓰여진 것도 있어 적어도 6월에 출항했음을 알 수 있다. 당시 6월은 현재의 7~8월에 해당하며 태풍이 많이 불어 항해에 지장이 많은 시기였다. 신안선이 침몰된 신안 앞바다는 서남해안지역으로 불어오는 태풍이 통과하는 길이었으며 신안선의 조사 결과, 뱃머리 우현이 큰 충격을 받아 파손된 점 등은 태풍을 의심해 볼 만한 대목이다. 왜냐하면 좀처럼 균형을 잃지 않는 대형선박의 경우 태풍과 같이 큰 힘이 아니고서는 이렇게 파손된 것을 설명하기 힘든 상황이기 때문이다. 이렇게 침몰된 신안선은 2023년이 되면 침몰된 지 700주년을 맞는다. 침몰의 피해는 컸지만, 우리로서는 귀한 보물을 얻은 셈이다.

사진17 신안선 전시 모습

사진16 인양된 도자기들

* 30

청자 인물형 연적
青磁人物形硯滴

Celadon Water Dropper

원元
높이 9.4
국립중앙박물관
신안18421

* 31

청자 향로
青磁香爐

Celadon Incense Burner

원元
높이 14.0
국립중앙박물관
신안975

* 32

청자 두 귀 달린 병
青磁兩耳甁

Celadon Bottle with Two Handles

원元
높이 23.1
국립중앙박물관
신도1566

* 33

청백자 잎무늬 접시
青白磁印花葉文盤

Qingbai Dish with Leaf Design

원元
지름 15.1
국립중앙박물관
신안6701

* 34

흑유완
黑釉碗

Black Glaze Bowl

원元
높이 7.1
국립중앙박물관
신안11822

COLUMN

1323년 신안선의 불시착과 태풍

국립해양문화재연구소
학예연구사
박예리

1. 해난사고와 난파선

해난사고의 역사는 인류가 바다를 개척하고 해상활동을 시작했던 때부터 기원한다. 조선술과 항해술이 발달함에 따라 해상실크로드Maritime Silk Road, Sea Route가 열리면서 보다 먼 바다로 진출할 수 있게 되었다. 바다를 통해 다채로운 문화와 교류하고 막대한 양의 문물을 운송함으로서 경제활동을 확장시킬 수 있었다. 그러나 모든 선박이 성공적으로 항해했던 것은 아니었다. 찬란했던 해상교류 이면에는 예측하기 어려운 기상악화와 각종 사건 등으로 인한 수많은 해난사고가 있었다. 해난사고의 원인은 기상악화, 해양 환경, 암초, 선박 충돌, 선박 재해, 항해 부주의, 지각변화, 전쟁 등 매우 다양하다. 이 가운데 기상, 특히 태풍은 가장 큰 원인 가운데 하나였다. 태풍은 강한 바람과 비, 파도 등을 동반하여 선박들의 항해에 직접적인 영향을 주었다.[1] 이로 인한 불의의 해난사고로 많은 선박들이 바닷속으로 사라졌다.

세계 바다에는 3백만 척의 난파선이 묻혀 있다고 한다. 19세기 이래 1천 여척이 조사되었으며, 마치 타임캡슐과 같이 침몰 당시의 생생한 흔적들을 전해주고 있다. 우리에게 잘 알려진 인도네시아의 흑석호黑石號(9세기 침몰 · 1990년대 조사),[2] 중국 난하이1호[南海1號](12세기 중엽~13세기 초 침몰 · 2007년 인양), 일본 다카시마[鷹島] 해저 몽골난파선(13세기 말 침몰 · 2010년 조사),[3] 영국의 메리로즈호MaryRose(1545년 침몰 · 1982년 인양), 스웨덴의 바사호Vasa(1628년 침몰 · 1961년 인양), 미국의 타이타닉호Titanic(1912년 침몰 · 1985년 조사) 등이 대표적이다.

이 난파선들의 침몰 원인은 바닷속 암초, 빙산, 돌풍, 선체 결함, 전쟁 등 각기 다르다. 9세기 경 중국에서 서아시아로 항해했던 아랍난파선 '흑석호'는 동남아시아 자바해의 인도네시아 벨리퉁섬 해역에서 사라졌다가 약 1200년 후, 수심 17m 지점의 검은 암초 속에서 발견되었다. 이로 인해 난파선의 이름은 흑석호 또는 바투히탐난파선BatuHitam Shipwreck(인도네시아어로 검은 바위라는 뜻)으로 불린다. 일본 큐슈[九州]의 다카시마 해저유적은 1281년 여몽연합군의 최후 전투 흔적으로서 몽고군이 하카타만[博多灣]을 진격하기 직전에 갑자기 태풍이 몰아쳐 수많은 전함이 침몰되었다. 당시의 태풍을 신의 바람 '가미카제[神風]'라고 한다. 1912년 영국에서 북대서양을 횡단하여 미국 뉴욕으로 첫 항해를 한 여객선 '타이타닉호'는 출항 5일째 되던 날 대서양 한가운데서 빙산과 충돌하여 침몰하고 말았다.

1 박종길 외, 「기상재해연구 -태풍과 해난 (1)-」, 『수산해양기술연구』 27권 1, 한국수산해양기술학회, 1991, p.56~63.

2 싱가포르 아시아문명박물관, 『The Tang Shipwreck』, 2017.

3 鷹島町教育委員會 외, 『鷹島 -蒙古襲來 · そして神風の島』, 2001.

1. 수중발굴 후 복원된 '신안선'

2. 신안선에 실린 무역품과 화물들

우리나라의 대표적인 예는 보물선으로 알려진 '신안선新安船'이다. 1976년 '신안선'을 시작으로 2019년까지 9개 해역에서 수중문화재 발굴조사가 이루어져 고대~조선시대에 해당하는 난파선 13척이 인양되었다. 이 가운데 신안선은 약 7백년 전 바닷속으로 사라졌으나 1975년 신안 섬마을(증도) 어부가 고기잡이 중 중국도자기를 발견하면서 세상에 알려졌다. 이 우연한 발견은 대규모 수중문화재 발굴조사로 이어졌으며, 국내 · 외에 한국 수중고고학의 시작을 알렸다. 수중발굴 결과, 신안선에는 중국 송 · 원대 도자기 25,000여 점과 금속공예품, 동전, 한약재, 동남아시아산의 자단목(향목)과 향신료 등 진귀한 화물들이 가득 실려 있었다.

2. 1323년 신안선의 항해

신안선은 발견 당시 수많은 궁금증과 호기심을 일으켰다. 과연 어느 나라 무역선일까? 언제 어디에서 어디로 항해하였을까? 비밀단서는 화물표[木簡]에 기록된 '지치삼년至治三年', 4월 2일부터 6월 3일에 이르는 날짜', '동복사東福寺', '조적암釣寂庵', '궁기팔번궁筥崎八幡宮', '강사綱司', 상인과 승려 이름, 그리고 청동저울추에 새겨진 '경원로慶元路', 각종 선적품, 선박 구조와 건조 기술의 특징 등에서 찾을 수 있었다.

이를 통해 신안선은 중국 복건성 천주泉州에서 건조된 대형 무역선(길이 31m, 높이 4m, 너비 10.7m, 240ton)으로 밝혀졌다. 그리고 중국의 절강성 경원慶元(현재 영파)에서 출항하여 일본을 목적지로 항해하였으며, 그 시기는 적어도 1323년[至治三年] 음력 6월 3일 이후였을 것으로 추정된다. 당시 경원은 고려와 일본의 해상교류 거점 항구였다. 지리적으로 대륙의 운하와 바닷길이 연결되는 곳이며, 중국 남방과 북방의 물산이 모이는 해상교역의 요충지였다. 특히 1277년 해상무역 관청인 시박사市舶司가 설치되면서 고려와 일본을 비롯해 동남아시아, 아라비아 상인까지 왕래하는 국제적인 항구도시로 성장하였다.

최종 목적지는 일본 북부 큐슈지역 하카타의 '조적암釣寂庵', '궁기팔번궁筥崎八幡宮', 그리고 교토[京都]의 동복사東福寺 등 신사와 사찰로 추정된다. 이 가운데 최대 화물주는 교토의 동복사로 보인다. 가마쿠라시대(1192~1333) 일본은 중국의 다양한 선진문물을 들여왔다. 특히 불교 사찰과 신사神社의 건립비용 확보를 위해 중국에 상선들을 자주 파견하였다. 동복사는 1319년 큰 화재로 불에 타 1325년 재건되었는데, 이 시기는 신안선이 운항했던 때와 어느 정도 일치한다. 신안선의 화물표 40여 점에는 '동복사東福寺~공용公用'과 '동전과 수량'이 기록되어 있다. 이것은 신안선에 동복사 재건용 화물이 선적되었으며, 나아가 중국을 왕래했던 '동복사조영료당선東福寺造營料唐船'성격의 무역선이라 볼 수 있다. 한편 신안선을 원나라 정부의 허가를 받은 중국 관영선官營船으로 보는 견해도 있다.[4]

3. 신안선과 중세 동아세아의 항로

3. 14세기 동아시아 항로

송 · 원대 중국은 동쪽으로 경원에서 고려와 일본에 이르고, 서쪽으로는 천주와 광주에서 동남아시아, 아라비아, 아프리카 동해안, 유럽으로 이어졌다. 당시 동아시아 3국의 바닷길은 교역의 길이자, 사행使行의 길, 구법승의 구법求法의 길로서, 사신, 상인, 유학자, 승려들이 활발히 왕래하였다. 원 왕조는 지원至元 29년(1292), 대덕大德 7년(1303), 지대至大 4년(1311), 연우延祐 7년(1320)의 총 네 차례에 걸쳐 해금을 선포하였지만 동아시아 국가들 간의 무역은 이어졌다.

중국과 한반도의 바닷길은 북부지역을 왕래한 서해연안항로(북로 · 노철산수도)와 서해횡단항로(북로 · 황해횡단항로), 남부지역을 왕래한 서남해사단항로(남로 · 동중국해사단항로)로 구분된다.[5] 서남해사단항로는 중국 동부 연해안과 한반도의 서남해안을 따라 왕래하는 항로, 중국 본토와 한반도 서남해를 가로질러 사단하는 항로로 구분된다. 고려 11세기 후반 이후부터는 주로 경원-정해定海-흑산도-서남해-예성강 입구 벽란도에 이르는 서남해 사단항로를 이용하였다.

신안선 항해시기 중국과 일본의 바닷길은 북로와 남로로 구분된다. 북로는 고려 연해를 거쳐 일본을 가는 길이며, 남로는 중국 경원-동중국해-오키나와[琉球]-오도열도五島列島-쓰시마[對馬島]-하카타[博多]에 이르는 길이다. 남로의 경우, 동중국해를 동북 방향으로 횡단하여 오도열도-하카타로 직행하거나, 오키나와-오도열도-하카타 등 서일본 지역에 이르는 방법이 있었다. 이들 두 항로 역시 계절과 바람에 순응해야 하는 뱃길이었다.[6] 신안선과 같이 경원에서 출항하는 선박은 대부분 주산군도舟山群島의 가장 동쪽에 있는 보타산普陀山, 普陀島에 정박하여 순풍을 기다렸다가 항해하였다. 경원에서 하카타까지는 보통 5, 6월경의 서남계절풍을 이용하여 북상하고, 하카타에서 경원까지는 겨울에는 북풍이 강하게 불기 때문에 대체로 4월부터 10월 사이에 동북계절풍을 타고 남하하였다. 바닷길에 익숙한 사람이 계절풍을 따라 순조롭게 항해할 경우, 중국 경원에서 고려 경내까지 3일 정도면 도착하였고, 일본까지는 불과 7~8일이 걸렸다고 한다.[7]

1342년 중국 원대 왕원공王元恭이 펴낸 명주明州의 지지地誌인 『지정사명속지至正四明續志』에 관련 기록들이 있다. "해도에 익숙한 사람은 호둔산 칠리 서돈에서 가문嘉門(즉 교문蛟門)에 이르러 석롱石弄에 도달한다. 양산羊(洋)山을 지나, 절해絶海에 누초螻礁이다. 또 동북으로 흑수양을 지나면 고려 경내로 들어간다. 일본은 또 고려의 동쪽에 있으니, 두 나라의 대박大舶이 남풍을 만나 출발하여 바람이 순조로우면 칠팔일이 걸리지 않아 도달할 수 있다". 또 다른 기록 『국역선학대성國譯禪學大成』에는 1298년 원 성종이 일본과 통교를 위해 보타산 관음사 주지 출신 승려 일산일영一山一寧을 일본에 국신사로 보냈을 때 경원-하카타 간의 항해 여정이 있다. "이들 일행은(수행원 5명) 보타에서 하루 머물고 3척의 배가 일본선과 함께 출발함에 출발 시에는 순탄치 않았지만, 출발하고 나서 3, 4일만에 고려 절요絶徼에 도착하고 또 급히 하루를 달려 도산濤山, 낭암浪巖 사이에 도착하였고, 표파飄簸하여 하카타[博多]에 도착하였다"[8]고 한다.

경원에서 하카타로 가는 선박들은 북로로 고려 연해에 이르러 흑산도, 탐라 등지에서 기항하기도 하였다. 또한 남로로 항해하던 선박들 가운데도 태풍을 만나 고려에 표류, 표착하기도 하였다. 13~14세기 중국 기록에는 6월에 사명四明(慶元路)을 출발하여 창국주 신전산神前山에서 발양發洋하여 3일만에 탐라에 도착하고, 또 3일만에 일본 해구海口에 이르렀다"[9]고 한다. 또 1326년 청졸정징淸拙正澄, 1351년 우중주급愚中周及 등 일본 승려들이 귀국한 배는 1~2개월 정도가 걸리기도 하였다.[10] 이러한 경우는 고려나 탐라를 경유하였거나 혹은 예상치 않은 풍랑을 만나 일정기간 표류되었기 때문인 것으로 추정된다.[11]

4. 신안선의 불시착, 그리고 태풍

그렇다면 신안선은 어떤 항로를 이용하였을까? 그리고 어떻게 고려 바다에 불시착하여 침몰되었던 것일까? 여전히 신안선의 항로와 항해과정, 침몰에 대한 실마리는 풀리지 않았다. 여기에는 두 가지 추정이 가능할 것이다.

첫 번째는 고려 기항 가능성이다. 처음 출항 시 고려 연안해로를 경유하는 북로를 계획했다는 것이다. 항해시기의 서남계절풍을 이용하여 북상하였거나, 경원-흑산도-서남해 연안-개경에 이르는 중계무역과 고려인 승선객 등 고려를 경유해야 할 목적이 있었을 수도 있다. 신안선에서는 이를 뒷받침하는 고려청자(7점)와 도기(1점), 청동거울, 청동숟가락 등이 확인되었다. 그러나 선적품 가운데 매우 소량이고, 특히 중국 · 일본의 고려청자 출토 사례와 신안선 항해 시기보다 빠른 제작시기 등으로 볼 때 고려 중계무역설은 낮다고 여겨진다.

두 번째는 고려 표류 가능성이다. 경원-하카타 남로 직항설과 경원-오키나와[琉球]-오도열도五島列島-쓰시마對馬島-하카타[博多]에 이르는 남로 경유설에 근거를 둔 것으로, 항해 여정 중 태풍을 만나 항로를 잃고 고려 서남해안까지 표류되었다고 보는 것이다.

4 四日市康博, 「14세기 일본과 원(元)나라의 해상교역에서의 신안선(新安船)」, 『아시아태평양 해상네트워크와 수중문화유산』, 국립해양문화재연구소 신안선 발굴 40주년 기념 국제학술대회, 2016, pp.137~149.

5 김병근, 「고대 동아시아와 전남 서남해지역의 항로」, 『전남 서남해지역의 해상교류와 고대문화』, 전남문화재연구소, 2014; 「14세기 일본과 원(元)나라의 해상교역에서의 신안선(新安船)」, 『아시아태평양 해상네트워크와 수중문화유산』, 국립해양문화재연구소 신안선 발굴 40주년 기념 국제학술대회, 2016, p.426.

6 위 논문, p.431.

7 배숙희, 「원대(元代) 경원(慶元)지역과 남방항로(南方航路) -탐라지역의 부상과 관련하여」, 『중국학보』 65권, 한국중국학회, 2012, pp.190~195.

8 위 논문, pp.190~194.

9 李修生主編, 『全元文』 권 213, 方回 7, p.117, 孔端卿東征集序.

10 曹秉仁纂修, 寧波府志(一), 卷 1, 輿圖, 臺北市寧波同鄉會選刊.

11 위 논문, p.194.

신안선의 고려 표류 가능성은 같은 해 중국 경원에서 일본으로 귀국한 일본 승려 '대지선사大智禪師(1290~1366)'의 고려 표류 사례를 통해 살펴볼 수 있다. 대지선사는 1314년 중국으로 건너가 경원 천동선사天童禪寺에서 유학하였으며, 1323년 원 영종英宗(1321~1323)의 도움으로 일본행 상선을 타고 귀국길에 올랐다. 그러나 태풍을 만나 고려 연안에 표류되어 배가 난파되었으며 이듬해인 1324년 충숙왕에게 도움을 요청하여 무사히 일본에 돌아올 수 있었다. 이 이야기는 대지선사의 일대기[傳記]『비후국사료총서肥後国史料叢書』를 비롯한 일본은 여러 문헌에 기록되어 있다. "기히 출발하여 반쯤 갔는데 석우石尤가 불어 죽을 고비를 넘겼는데, 배가 고려로 떠내려갔다. 닻을 올리고 반이 지났을 때 흑풍黑風을 만나 배가 부서져서 목숨이 위태로워 고려에 표착하였다", "돌아가려고 바다에 이르렀는데 풍랑風浪이 일어나 고려高麗로 바람에 불려가 배가 파선破船되어 버렸다", "「파선 때 고려왕에 올림」 - 넓고 넓은 생사生死의 바다를 표류漂流하였는데, 오늘 아침 또 강풍이 불어 피해被害를 보게 되었다" 등의 기록은 당시 절망적인 상황이 잘 나타나 있다. 대지선사는 고려에 머무르며 순창 송음암松吟菴, 장흥 천관사天冠寺, 하동 쌍계사雙溪寺, 여수 영취산 홍국사興國寺, 상주 사불산 대승사大乘寺 등 사찰을 순방하기도 하였다.[12]

한편, 대지선사의 일화와 비슷한 내용이 『고려사高麗史』와 『고려사절요高麗史節要』에서 확인되어 매우 흥미롭다. 고려에 표류된 일본인을 1324년 본국으로 보냈다는 내용이다. 『고려사』 세가 권35, 충숙왕 11년(1324) 7월 29일 "왜구의 선박이 풍랑으로 영광군에 표류하였는데 모두 220여 명이었다. 배를 마련하여 돌아가게 하였다(癸丑 倭船飄風, 至靈光郡, 凡二百二十餘人, 具舟楫, 歸之.)" 『고려사절요』 권24, 충숙왕 11년(1324) "가을 7월, 왜선이 풍파에 표류하여 영암군靈光郡에 이르렀는데, 모두 2백 20여 명이었다. 배를 갖추어서 돌려보냈다(秋七月, 倭船飄風至靈光郡, 凡二百二十餘人, 具舟楫歸之)"

이와 같이 1323년 경원에서 일본 귀국 과정에 고려 연안으로 표류된 일본 승려 대지선사 일대기와 1324년 고려 충숙왕 때의 표류민 일본 송환 기록 등은 신안선의 고려 표류 가능성 뿐만 아니라 나아가 이 배가 신안선일 수 있다는 추정도 뒷받침하고 있다. 또 이 기록들에서는 당시 해상에서의 태풍을 흑풍黑風[13], 뜬 석우石尤[14], 악풍惡風[15], 표풍飄風[16]으로 기록하였다.

신안선과 두 기록에는 몇 가지 유사점이 있다. 첫 번째는 경원에서 하카타로 향하는 항로이다. 두 번째는 1323년 출항과 표류 후 1324년 일본 송환 시기이다. 세 번째는 표류 선박이 왜인이 탄 선박이라는 점이다. 네 번째는 표류지역이 『고려사』에서 영광군이라는 점이다. 신안선 침몰지점인 증도와 임자도 사이 해역은 지리적으로 고려시대 임치현, 조선시대 영광군에 속하였으며, 오늘날 신안군과 영광군의 경계해역과 가까운 곳으로 매우 흥미롭다. 한편, 신안선의 우현 선수의 파손 흔적

4. 나가사키현의 대지선사 석상

을 근거로 직접적인 침몰 원인을 표류 과정에서 암초와 충돌한 뒤 선체가 침수되었다고 보는 견해도 있다.[17]

지금까지 신안선의 성격과 항로, 고려 불시착, 침몰원인 등에 대해 살펴보았다. 배에서 발견된 화물표와 경원로명 청동저울추는 출항 시기(1323년 음력 6월 3일 이후)와 출항지(중국 경원), 목적지(일본 하카타 · 교토)를 알려 주었다. 그리고 당시 문헌기록 사례들을 통해 경원과 하카타 사이의 항해여정과 태풍에 의한 고려 불시착 가능성에 대한 실마리를 찾을 수 있었다.

12 궁인창, 「신안선에서 살아남은 사람들」, 『제8회 전국해양학자대회 자료집』 권5, 목포대학교도서문화연구원 · 국립해양문화재연구소, 2017, pp.113~118.
大智禪師 傳記, 『肥後国史料叢書』 1巻.
「延寶傳燈錄」, 「續扶桑禪林僧寶傳」 卷三 大智傳, 1686年刊.
「日本洞上聯燈錄」 卷二 大智傳, 1727年刊.

13 黑風은 먼지나 모래를 일으켜서 햇빛을 가리면서 강하게 부는 회오리바람

14 石尤는 거세게 부는 바람으로 石尤風, 逆風이라고도 함.

15 悪風은 바다위에서 몰아치는 모진 바람

16 飄風은 강하게 부는 회오리바람과 폭풍우

17 김병근 위 논문, pp. 435~438.

Inspiration 1

바람으로 태어난 제주, 섬의 미학

바람난 태풍처럼 변화무쌍함에 대적할 수 있는 존재가 있을까 싶다. 하늘에서 내려다보는 제주의 넉살스러운 풍경은 곧바로 다가가지 않아도 좋다. 뭐 하나 뾰족한 것이 없는 듯 굽실굽실, 울렁울렁, 구불구불거리는 것이 다정하기만 하다. 그런 풍경은 그냥 만들어진 것이 아니었다. 바람과 더불어 섬에 사는 이들의 경험과 지혜가 담긴 애살스러운 것이었다.

바람은 눈에 보이지 않는다. 허공을 지나치는 바람은 때로는 조용하고 때로는 소스라칠 정도로 귀를 거슬리기도 한다. 돌담 사이의 구멍을 스치면서 바람은

소리를 낸다. 돌 사이를 지나며 스스로의 존재를 나타낸다. 장자莊子는 제물론齊物論에서 바람을 '땅덩어리가 뿜어내는 숨결'이라고 하면서 "바람은 일어나지 않을 때는 고요하지만 한번 일어나면 온갖 구멍이 소리를 질러댄다. 그러다 바람이 멈추면 뭇 구멍들이 모두 고요해진다."라고 하였다.

제주의 둥근 초가지붕은 돌담과 그 집을 들어가는 길목, 올레길에서 비와 바람을 품기 시작하였다. 때로는 비바람과 파도에 휩쓸려 깊은 바다를 떠돌아다니기도 하기 때문에 별탈없이 지나가기를 바라는 섬사람들의 신에 대한 하소연은 애절하다. 영등할망이 머물다 간 푸른 섬 바다에 띠배를 띄우는 제주 섬사람들의 간절함에 귀 기울여본다.

키워드 : 바람, 돌담, 돌담구멍, 지붕, 표류, 지영록, 하멜, 영등신앙, 마조신앙, 띠배

INSPIRATION 1
바람으로 태어난 제주,
섬의 미학

바람을 거스르지 않는 제주의 초가

바람은 제주 문화 전반에 영향을 미쳤다. 대표적인 것이 초가집이다. 일반적으로 집의 형태는 기후, 지질, 지형에 의해 결정되는데 제주의 경우에는 바람이 많은 지역에서 나타나는 형태를 하고 있다. 제주 초가의 특징은 지붕 경사가 둥글고 나지막하며 지붕에는 새끼줄로 바둑판처럼 촘촘히 얽고 가장자리에 통나무로 누른다는 점이다. 또한 나지막한 집의 구조를 위해 '잇돌'이라고 하는 낮은 기단을 두었다. 이러한 점은 바람의 저항을 낮추고 강풍에 지붕이 파손되는 것을 막기 위함이다. 특히 매서운 태풍과 북서계절풍에도 잘 견딜 수 있도록 고안해낸 것이다. 제주 초가집에 대한 기록은 충암 김정이 제주 유배 왔을 때의 경험을 기록한 「제주풍토록」에 잘 나타나 있는데 외지인이 보기에도 노출하지 않고 나지막한 것은 제주의 바람 때문임을 단번에 알아차렸음을 알 수 있다. 이와 함께 집으로 연결되는 올레는 반듯하게 내지 않고 굴곡지게 하여 강한 바람이 집안으로 직접 들어오지 못하도록 하였다.
제주 문화는 바람의 산물이라 할 수 있다. 제주 사람들은 바람에 순응하여 오늘날의 모습을 만들어온 것이다.

사진18 제주의 초가, 서재철

* 35

충암집 沖庵集

Chungamjip, Anthology of Kim Jeong's Literary Works

김정金淨(1486~1521)
조선 1636년
목판본
29.0×18.3
국립중앙도서관

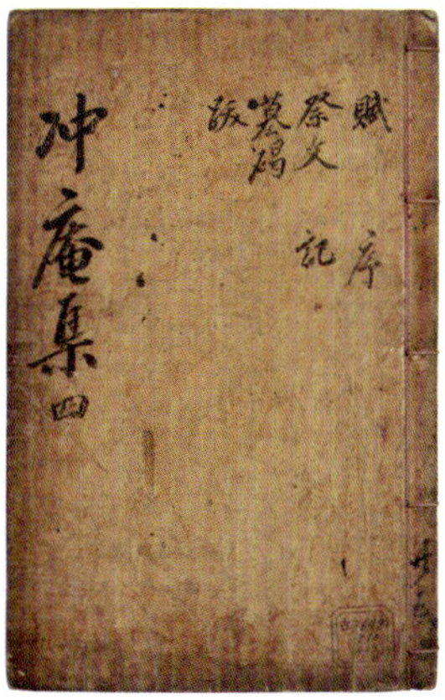

『충암집』은 기묘사화己卯士禍로 제주에 유배된 충암 김정의 글을 모아 엮은 책이다. 김정은 1520년 8월부터 1521년10월까지 제주에서 유배생활 했으며 그가 보고 듣고 겪은 일을 「제주풍토록」으로 기록하였다. 「제주풍토록」은 16세기 제주의 기후, 지리적 환경, 풍물과 습속, 언어와 사회상, 토산물과 특산물 등을 자세히 소개하고 있어 이건의 「제주풍토기」와 함께 제주의 상황을 잘 보여주는 글이라 할 수 있다.

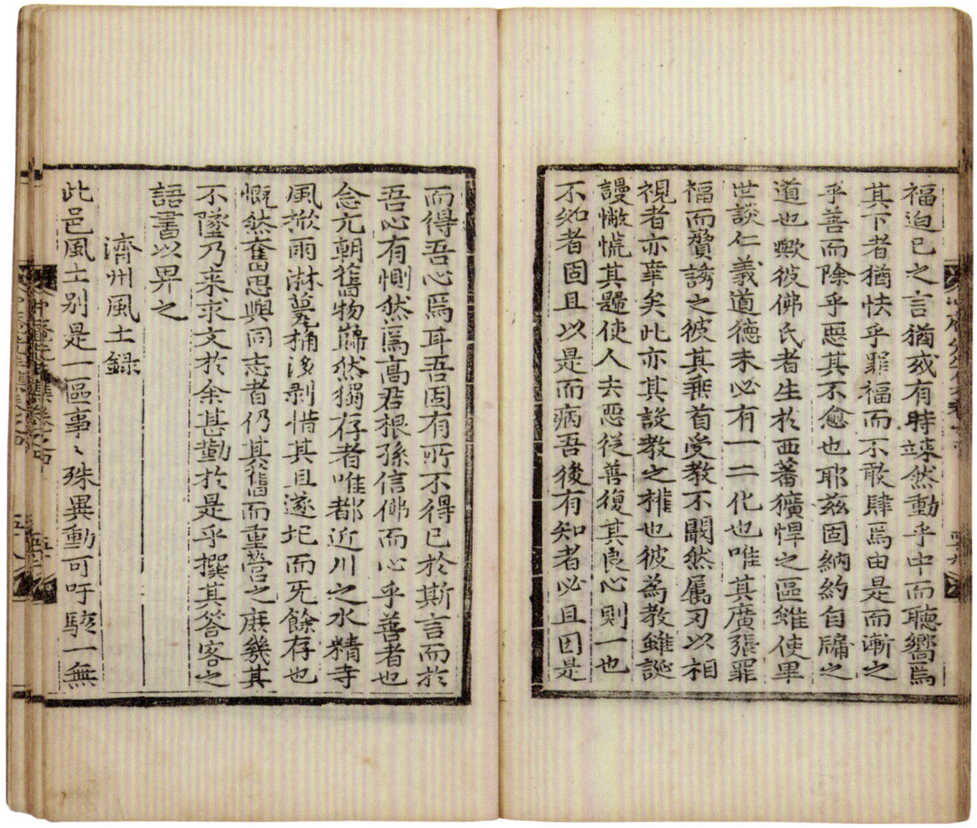

福迫已之言猶或有時竦然動乎中而聽嚮焉
其下者猶怯乎罪福而不敢肆焉由是而漸之
乎善而除乎惡其不愈也耶玆固納約自牖之
道也歟彼佛氏者生於西蕃獷悍之區雖使畢
世談仁義道德未必有一二化也唯其廣張罪
福而贊誘之彼其乖首受教不鬭然屬耳以相
視者亦華矣此亦其設教之權也彼爲教雖誕
謾惝恍其蹤使人去惡從善復其良心則一也
不如者固且以是而病吾後有知者必且因是

而得吾心焉耳吾固有所不得已於斯言而於
吾心有惻然焉嵩君根孫信佛而心乎善者也
念先朝舊物歸然獨存者唯都近川之水精寺
風欲雨淋蔓稍後剝惜其且遂圮而无餘存也
慨然奮思與同志者仍其舊而重營之庶幾其
不墜乃來求文於余甚勤於是乎撰其答客之
語書以畀之

濟州風土錄

此邑風土別是一區事、殊異動可吁駭一無

집은 모두 띠 풀로 둘러매지 않고 지붕 위에 늘어놓아 둔 긴 나무로 가로질러 눌러 놓았다.
기와집은 매우 드물고 정의현과 대정현 등의 2개 군현관사도 역시 초가집이다 …
내가 생각건대, 땅에 바람과 습기가 많으니 천식과 같은 악질의 병이 많은 것도 이 때문이라 …
집을 둘러 돌담을 쳤는데 흙덩어리와 돌을 쌓아 높이가 한 길 정도 되고, 위에는 녹각목鹿角木을 꽂아두었다 …
그러나 돌담이 높고 좁은 것은 이 고장의 풍속이 모두 그러하니,
매서운 바람과 눈보라를 막기 위함이다.
人居皆茅茨不編, 鋪積屋上, 而以長木橫結壓之, 瓦屋絶少, 如兩懸官舍亦茅蓋也 …
吾意, 地多風濕, 喘欬惡疾之類,多緣此也 …
屋圍而石墻以醜石累績高丈餘, 上施鹿角木墻 …
然石墻高狹, 土俗皆然, 以防盲風饕雪.

『충암집沖庵集』「제주풍토록濟州風土錄」 중

돌담과 나무를 심어 바람의 피해를 줄이다

바람은 농작물의 생장과 결실에도 중요한 영향을 미쳤다. 특히 과일은 낙과, 낙화를 발생시키는 주요 원인이었다. 제주의 경우에는 다른 지역에 비해 풍해風害가 제일 높았다. 따라서 제주 사람들은 풍해를 막기 위해 돌담을 쌓고 방풍림을 조성하였다. 돌담은 원래 1234년 김구金坵가 판관으로 있을 때 백성의 괴로움을 덜기 위해 돌담으로 경계를 쌓도록 한데서 출발한다. 돌담은 산담, 집담, 올레, 원담, 무덤담 등 다양하며 우마의 침입 방지, 경계 표시, 바람으로 인한 작물의 피해 방지와 바람막이 등의 기능을 한다. 특히 해안으로부터 불어오는 바람은 육지로 들어오면 지표면의 영향으로 풍속이 감소되는데 밭담이 이러한 역할을 한다. 바람이 밭담에 닿으면 밭담의 전 · 후면에 풍압차가 발생하는데 밭담의 숭숭 뚫린 구멍으로 바람이 새어나가게 되면서 풍압을 덜 받아 무너지지 않으면서도 강풍의 피해를 덜 수 있게 된다. 해안에 있는 밭담일수록 높게 축조되는데 이는 강풍과 이로 인한 바닷물에 의한 농작물 피해를 경감시키기 위한 것이다. 『탐라순력도』 「귤림풍악橘林風樂」과 「고원방고羔園訪古」에는 밭담과 방품림이 그려져 있어 18세기 과수원 풍광과 제주의 돌담을 이해할 수 있다.

36
탐라순력도 귤림풍악
耽羅巡歷圖 <橘林風樂>
Tamnasullyeokdo, A Panorama of Jeju Island
이형상李衡祥(1653~1733)
조선 1702년
56.7×36.0
제주특별자치도 세계유산본부
보물 제652-6호

숙종 28년(1702)에 제주목사 겸 병마수군절제사로 부임한 이형상이 제주 여러 곳을 다니면서 거행한 장면을 제주목의 화공 김남길金南吉이 그림으로 그린 화첩이다. 화폭은 총 41면이며 18세기 초 제주의 관아, 행정, 군사, 명승, 풍속 등을 잘 보여준다.

이 장면은 망경루의 후원에 있는 귤림에서 풍악을 즐기는 장면이다. 당시 제주읍성 안에는 동 · 서 · 남 · 북 · 중과원中果園 5개와 별과원別果園 6개의 과원이 있었는데, 이 그림의 과원은 북과원北果園으로 추정된다. 과원 경계에는 돌담을 쌓고 대나무를 조밀하게 심어 방풍림으로 조성하였다.

* 37

남태 輪木

Wooden Tool

근대
길이 79.0~100.0
제주대학교박물관

남태는 여름 농사 파종 끝에 씨앗이 날아가지 않도록 땅을 다져주는 농기구이다. 바람이 강한 제주에서는 곡식의 씨앗이 날리지 못하도록 또는 빗물에 씻겨나가지 못하도록 말이나 남태와 같은 농기구로 밭을 다졌다.

사진19
밭 다지는 모습
홍정표(1907~1991), 1960년대, 제주대학교박물관

풍속風俗 **돌담을 쌓다**石築垣

『동문감東文鑑』에 '제주 땅에 돌이 많고 본래 논은 없어서 오직 보리, 콩, 조만이 생산된다. 밭에는 예전에 밭담이 없어서 강하고 사나운 집안에서 날마다 야금야금 먹어 들어가므로 백성들이 괴롭게 여겼다. 김구가 판관이 되었을 때, 백성에게 고통을 느끼는 바를 물어서 돌을 모아 담을 쌓아 경계를 만드니 백성들이 편하게 여겼다'고 하였다.

이원진李元鎭(1594~1665) 『**탐라지**耽羅志』 **중**

밭이라고 하는 것들은 반드시 돌을 가지고 둘렀으며 인가는 모두 돌을 쌓아 높은 담을 만들고 문을 만들었다. 과원은 하나는 성안의 남쪽에 있고 하나는 성안의 북쪽에 있다. 밖으로는 돌을 쌓아 담장을 하고 대나무를 심어서 풍재를 막고 있다.

김상헌金尙憲(1570 ~ 1652) 『**남사록**南槎錄』 **중**

사진20 돌담과 바람, 이묘자

태풍에 속절없이 부러진 먹구슬나무, 기꺼이 살을 내주고

사진21 먹구슬나무

제주는 한라산을 중심으로 다양한 수종이 자라고 있다. 제주 사람들은 벚나무, 느티나무, 구실잣밤나무, 붉가시나무 등으로 반다지, 궤, 살레, 남방아, 곰박 등 생활에 필요한 도구를 만들어 썼다. 이는 습기가 많은 제주의 환경에서 통풍에 효과가 있어 특히 더 실용적으로 활용되었다.

먹구슬나무는 제주에서 흔히 보이는 나무로 멀구슬나무, 구주목 등이라 불린다. 우리나라 남해안을 비롯하여 일본, 대만, 서남아시아 일대에 서식하며 5~6월에 연보라색의 향기로운 꽃이 피고 가을에 익는 열매는 이뇨제, 구충제 등으로 사용된다. 이 나무는 태풍이 불면 어김없이 가지가 부러진다. 이는 목질이 부드럽기 때문이다. 이러한 성질을 이용하여 제주 사람들은 궤나 나막신 등을 만들어 썼다. 특히 나막신은 발이 편해야 하기 때문에 아무 나무나 쓰지 않고 먹구슬나무나 폐죽나무를 주로 이용하였다.

38

솔박(되) · 작박(홉)

輪木

Wooden Measure

20세기
오른쪽 길이 39.8
국립제주박물관
김순이1127 등

주로 곡식을 퍼 담거나 분량을 가늠할 때 사용하는 바가지다. 솔박은 한 되升, 작박은 한 홉合 정도의 용량으로 통용되었으며 크기에 따라 명칭을 달리하였다. 한 손으로 쥐고 곡물을 잘 담을 수 있도록 한쪽은 직선을 이룬 반면 다른 한쪽은 곡선을 이룬다.

39

나막신

木靴

Namaksin, Wooden Shoes

조선
길이 31.5
국립제주박물관
제주883

통나무를 파서 만든 신발이다. 앞뒤에 높은 굽이 달려 있어 비나 눈이 올 때 땅이 질척한 곳에서 이용하였다. 굽이 닳게 되면 새 굽을 바꿔 달아 오래 신었으며 굽이 없거나 굽에 징이 박힌 나막신도 있었다.

태풍을 만나 제주에 표착한 서양인

40

하멜표류기
Hamel漂流記
The Journal of Hendrick Hamel

회팅크 B.Hoetink
1920년
25.3×17.0
국립제주박물관

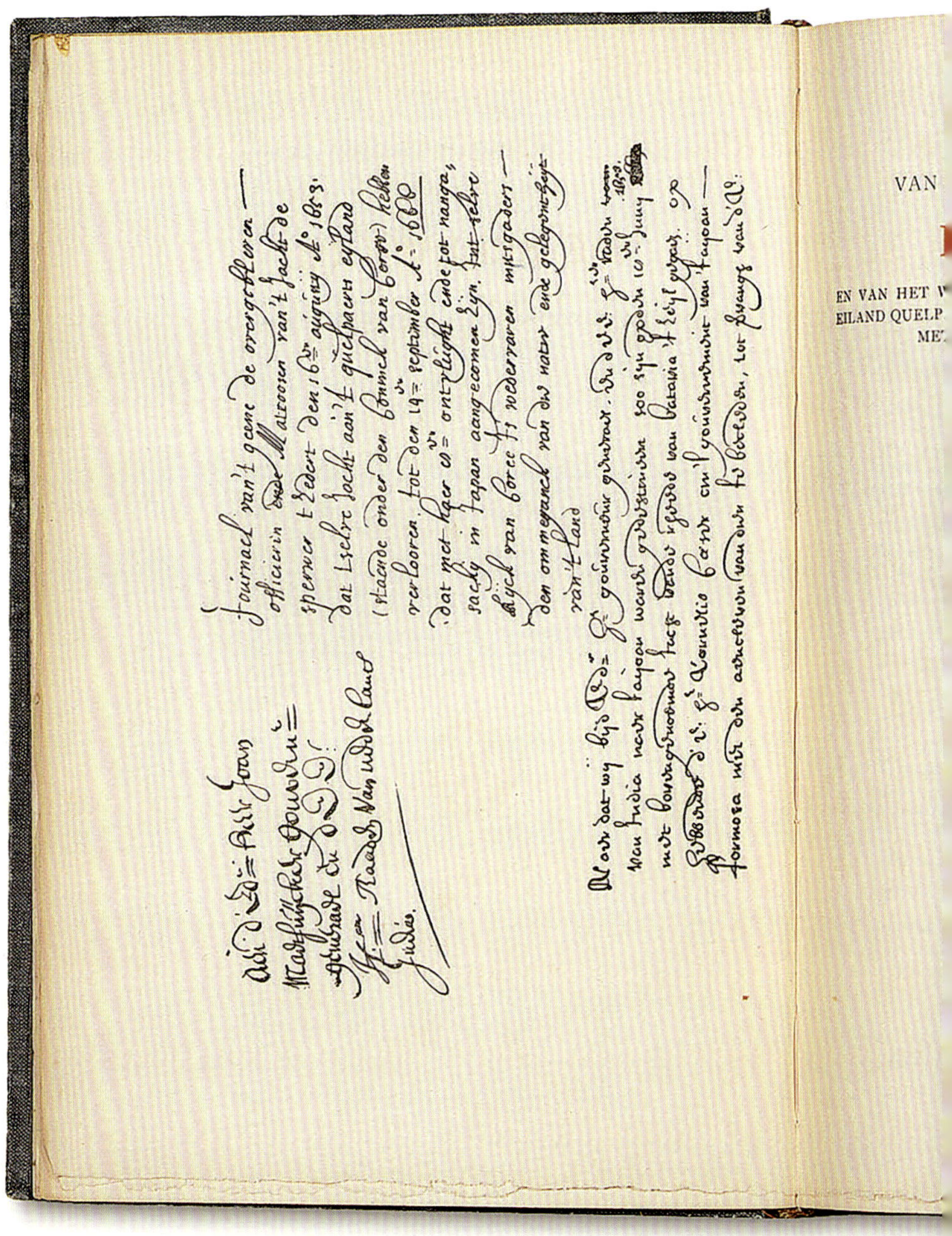

1653년 8월 16일, 거센 태풍으로 난파된 서양인이 있었으니 그들이 바로 네덜란드 하멜 일행이다. 핸드릭 하멜은 네덜란드 동인도 회사 소속의 서기였으며 스페르웨르Sperwer호를 타고 일본 나가사키로 가다가 태풍으로 제주도에 난파되었다. 난파 당시 생존자는 36명이었으며 약 13년간의 조선 억류생활에서 풀려나 일본을 거쳐 본국으로 간 하멜은 그 동안 밀린 월급을 받기 위해 보고서를 작성하였다. 이 내용은 곧 폭발적으로 인기를 끌면서 하멜표류기라는 책으로 발간되었고 제주가 서양에 알려지는 계기가 되다. 이처럼 뜻하지 않게 태풍을 만나 겪는 다양한 일들이 때로는 역사적 순간을 만들기도 한다. 제주에서는 풍랑, 태풍 등을 만나 중국, 일본, 오키나와, 타이완, 필리핀, 베트남 까지 표류하는 일이 많았다. 성종 18년(1487) 추쇄경차관으로 부임했다가 중국에 표류했던 최부, 1770년 한양에 과거를 보기 위해 길에 올랐다가 오키나와에 표류했던 제주사람 장한철 등이 바람을 잘못 만나 표류했던 대표적인 사람들이다.

하멜이 쓴 보고서를 바탕으로 소설로 출간한 책이다. 헨드릭 하멜은 효종 4년(1653) 8월 16일 나가사키로 가던 중에 풍랑을 만나 제주도 대정현에 표착한 네덜란드 사람이다. 그는 그의 동료들과 함께 조선에 13년 28일간 억류되었으며 1669년에 일본 나가사키를 통해 네덜란드로 귀국하였다. 그는 네덜란드로 돌아 간 후 억류 기간 동안 밀린 임금을 청구하기 위해 『하멜보고서』를 썼으며 이를 토대로 출판된 소설이 『하멜표류기』이다. 이후 서양지도와 각종 여행기에는 제주를 '켈파트 Quelpart'라 소개하였고 조선과 제주가 서양에 본격적으로 알려지는 계기가 되었다.

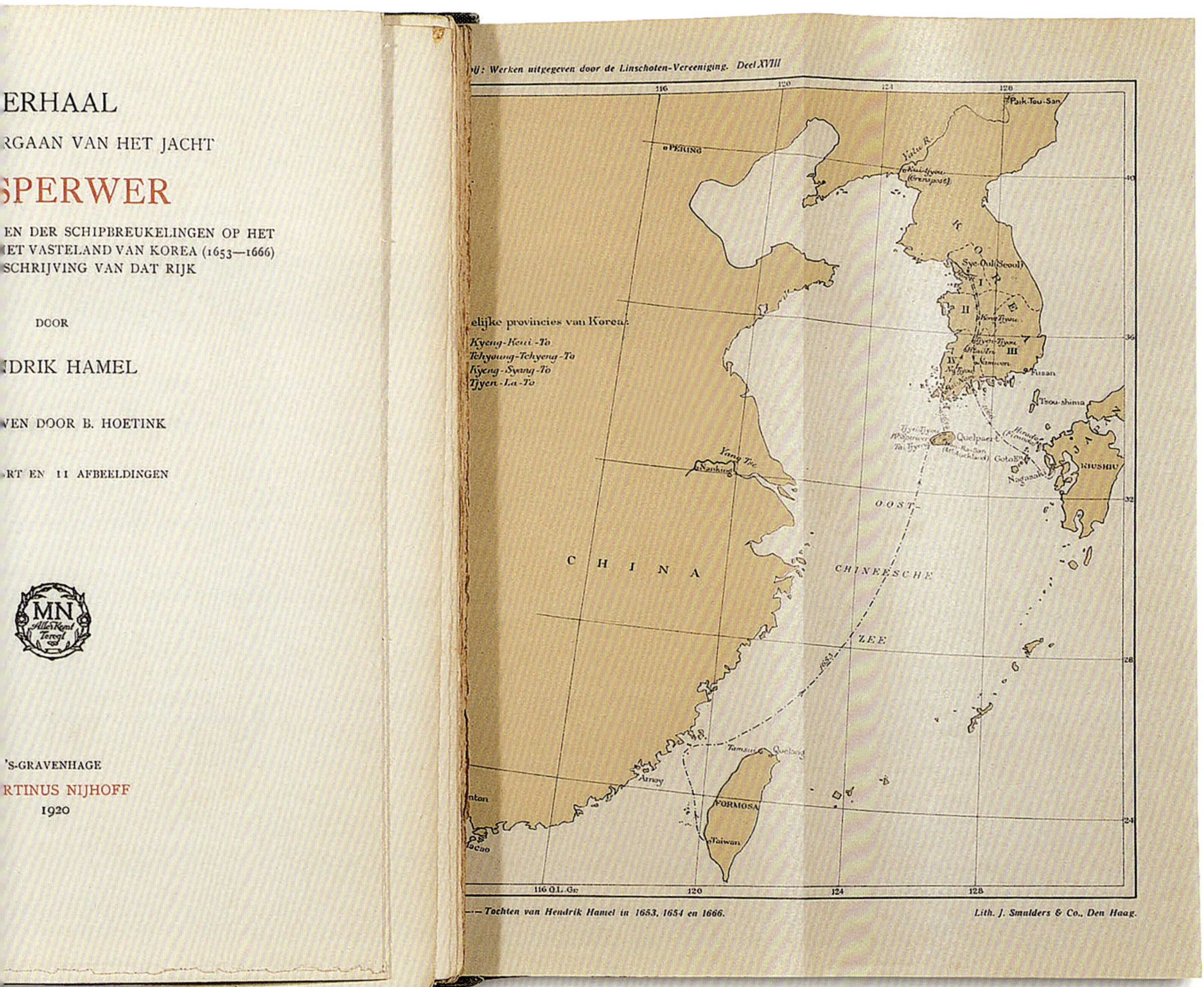

사진22 하멜 일행이 제주에 난파된 모습을 그린 삽도

8월 15일
몹시 강한 바람 탓에 갑판에서는 서로의 말소리가 들리지 않아 누가 무얼 말해도 알아들을 수 없었으며, 또 작은 돛도 올릴 수 없었습니다.
…
광포한 바다 때문에 밀려들어오는 물로 배가 곧 침몰할지 모른다는 생각이 들었습니다. 저녁이 되자 파도는 배의 이물과 고물을 거의 부숴버릴 뻔 했습니다.
…
우리는 이물을 고정시키기 위해 온갖 노력을 기울였지만 심한 동요와 배를 휩쓸며 잇달아 덮쳐오는 큰 파도 때문에 끝내 실패하고 말았습니다. 어쩔 도리 없이 우리는 어떻게든 파도를 피해 보기 위해 앞 돛을 풀어 우리의 생명을 구하고 배와 회사의 상품을 건질 수 있다고 생각했습니다. 하나님의 도움 말고는 이것이 최상의 방법이라고 생각했던 것입니다.
…
육지다! 육지다!
…
우리는 곧 닻을 내리고 키를 돌려 방향을 잡았습니다만 바다가 깊고 파도가 심하며 바람이 너무 강해 닻이 바닥에 걸리지 않았습니다. 그때 갑자기 배가 바위에 부딪혔습니다. 세 번 충돌하자 배는 곧 산산조각 나고 말았습니다.
…
저와 육지에 오른 사람은 모두 15명이었는데 대부분 빈 몸이었고 심한 부상을 입은 상태였습니다.
…

8월 16일
새벽 동이 트자 … 우리는 슬픔에 잠겨 서로 쳐다볼 뿐이었습니다. 그토록 아름답던 배는 산산조각 나고 말았고 승무원 64명 중 살아남은 사람은 36명에 지나지 않았습니다.
…

8월 22일
총독은 선량하고 사리를 잘 판단할 수 있는 사람이었습니다. 그는 70세 전후로 도성都城 출신이었고 조정에서도 상당히 존경받는 분이라 했습니다. 그는 국왕에게 장계를 올려 우리를 어떻게 처리하면 좋은지를 묻고 그 답서를 기다리지 않으면 안 된다고 알려 주었습니다.

『하멜표류기』 완역본 중

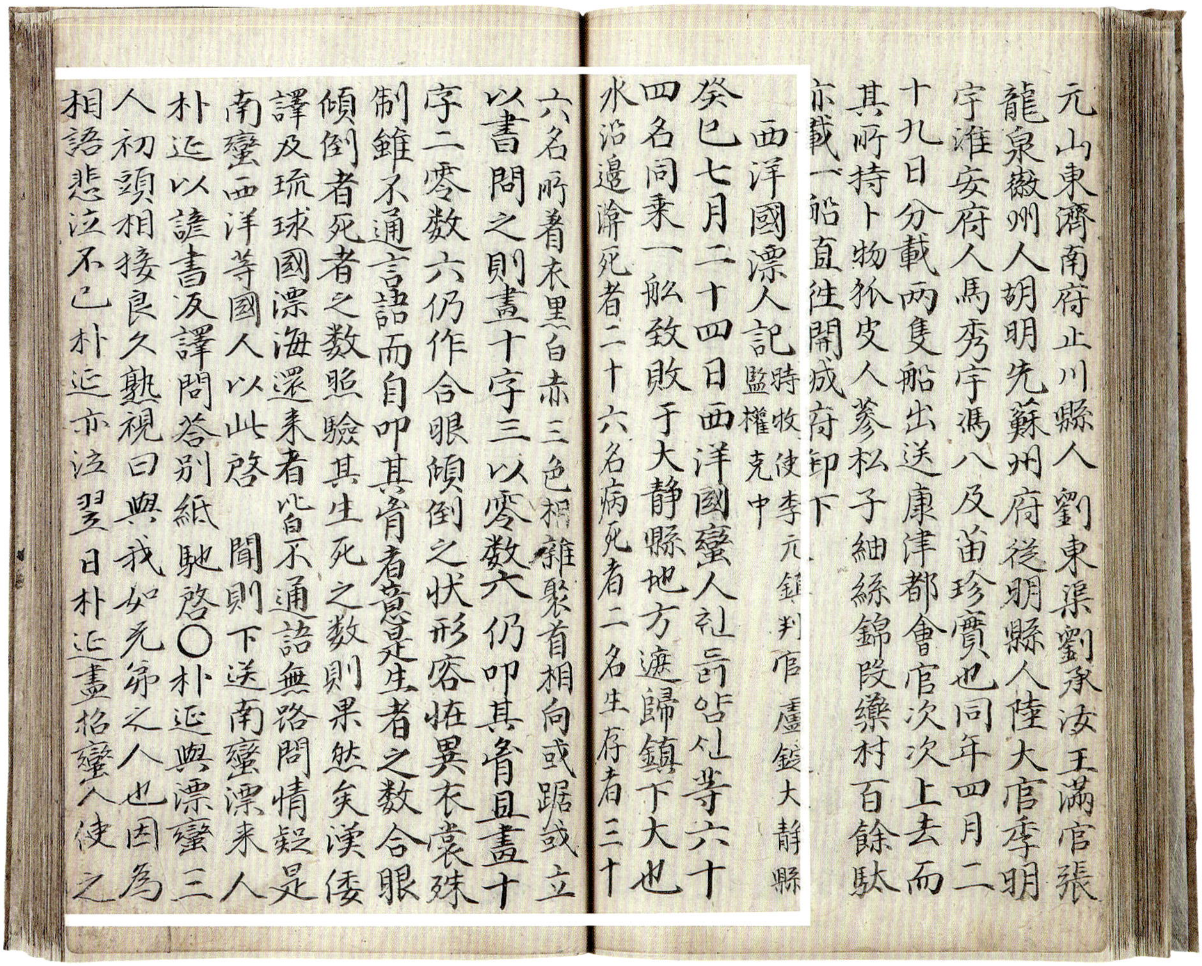

元山東濟南府止川縣人劉東渠劉承汝王滿官張
龍泉嶽州人胡明先蘇州府從明縣人陸大官季明
宇淮安府人馬秀宇馮八及苗珍賔也同年四月二
十九日分載兩隻船出送康津都會官次次上去而
其所持卜物狐皮人蔘松子細絲錦段藥材百餘馱
亦載一船直往開城府卸下
西洋國漂人記 時牧使李元鎭 判官盧錠 大靜縣監權克中
癸巳七月二十四日西洋國蠻人[illegible]等六十
四名同乘一舡致敗于大靜縣地方遮歸鎭下大也
水沿邊渰死者二十六名病死者二名生存者三十
六名所着衣里白赤三色相雜聚首相向或踞或立
以書問之則書十字三以零數六仍叩其首且書十
字二零數六仍作合眼傾倒之狀形容極異衣裳殊
制雖不通言語而自叩其首者意是生者之數合眼
傾倒者死者之數照驗其生死之數則果然矣漢倭
譯及琉球國漂海還來者皆不通語無路問情疑是
南蠻西洋等國人以此啓 聞則下送南蠻漂來人
朴延以諺書及譯問答別紙馳啓○朴延與漂蠻三
人初頭相接良久熟視曰與我如兄弟之人也因為
相語悲泣不已朴延亦泣翌日朴延盡招蠻人使之

41

지영록 知瀛錄

Jiyeongnok, Town Chronicle of Jeju

이익태李益泰(1633~1704)
조선 17세기
27.0×17.5
국립제주박물관
제주기669
보물 제2002호

숙종 20년(1694) 7월부터 숙종 22년(1696) 9월까지 제주목사를 지낸 이익태李益泰(1633~1704)가 실시한 업무와 제주 관련 자료를 기록한 인문지리서이다. 이 책에는 효종대 부터 숙종 대까지 제주해역에서 발생한 표류기록들이 수록되어 있는데「표한인기漂漢人記」,「서양국표인기西洋國漂人記」,「중국인표류기中國人漂流記」,「김대황표해일록金大璜漂海日錄」 등 이다. 이 중 효종 4년(1653) 서양인의 제주 표착기록인「서양국표인기」가 네덜란드 하멜 일행의 표류기록이다. 당시 이원진 목사는 대정현에 표류한 하멜 일행에 대해 상세히 조사하고 보고서를 작성하여 조정에 올려 보냈다. 이 과정에서 26년 전에 조선에 표류한 얀 얀스 벨테프레이를 불러 하멜일행과 대화를 하며 당시 표류 경위를 조사하였다. 그는 국왕의 답서가 오는데 시간이 많이 걸리지 않을 것이며 좋은 소식이 오면 일본으로 보내 주겠다며 하멜 일행을 위로하였다.

서양국표인기 西洋國漂人記

계사癸巳(1653) 7월 24일 서양국만인西洋國蠻人(네덜란드) 헨드릭 하멜Hendrik Y. Hamel 등 64명이 함께 탄 한 배가 대정현 지방 차귀진遮歸鎭 밑의 대야수大也水 연변에서 부서졌다. 익사자 26명, 병사자 2명, 생존자 36명이다 … 남만서양南蠻西洋 등의 나라 사람일 것이라는 의심이 들어 이것을 계문啓聞한 즉, 남만표래인南蠻漂來人 박연朴延, Jan Janse Weltervree을 내려보냈다. 한글로 쓴 것을 다시 문답을 번역하여 별지別紙를 치계馳啓하였다. 박연과 남만 3인은 첫머리에 서로 만나자 오랫동안 눈여겨 자세히 보다가 말 하기를 '나와 형제 같은 사람입니다.'고 하였다.

바람신에게 올리는 의례

제주 사람들에게 사시사철 불어오는 거센 바람과 불청객처럼 다가오는 태풍은 두려움의 대상이었다. 그러나 음력 2월에 불어오는 봄바람은 풍작과 풍어를 가져오는 고마운 대상이라 믿었다. 이에 제주 사람들은 바람의 신에게 지극정성으로 의례를 행했는데 대표적인 것이 풍운뇌우제와 영등굿이다. 풍운뇌우제는 풍신風神 · 운신雲神 · 뇌신雷神 · 우신雨神에 대한 제사를 말한다. 이 제사는 다른 지역에서는 행해지지 않았고 중앙과 제주에서만 진행되었다. 이 제사는 국가의 제2등급 제사인 중사中祀의 규모였으며 예조禮曹에서는 한라산제漢拏山祭와 함께 향, 축문, 반교문頒敎文 등을 보내어 거행하게 했다. 이러한 의례는 '군郡'으로 편제될 때부터 행해졌다고 하며 숙종 28년(1702) 이형상 목사의 건의로 일시 중지되었다. 그러나 숙종 45년(1719)에 제주 사람들의 요청으로 정동후 목사가 다시 세웠는데 이는 제주에서 이 제사가 갖는 특수성을 잘 보여준다.

제단은 현재 삼도 2동 일명 '묵은성[古城]'일대에 위치했으며 현재 표지석이 세워져 있다. 이곳에서는 음력 2월과 8월에 무사태평을 비는 제사가 이루어졌으며 삼천서당을 창건한 김정金政 목사(1670~1737)도 풍운뇌우단에서 기우제를 지냈다.

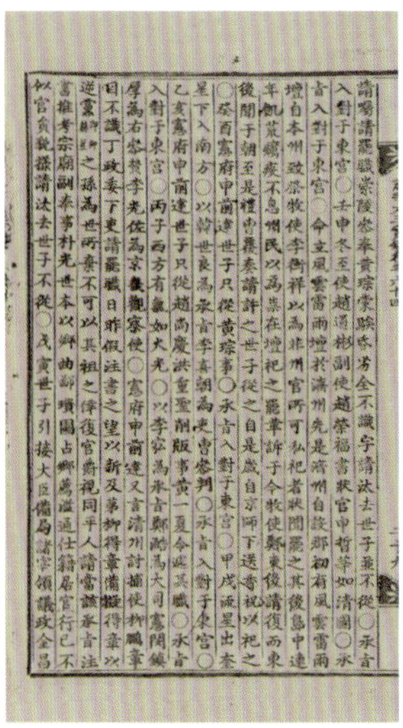

『숙종실록』 64권, 숙종 45년(1719) 11월 4일

제주에 풍운뢰우단風雲雷雨壇을 세우라고 명하였다. 이보다 앞서 제주에는 고을을 창설한 초기부터 풍운뢰우단이 있어 본주本州에서 치제致祭하였는데, 목사 이형상李衡祥이 주관州官이 사사롭게 제시할 바가 아니라 하여 장문狀聞하여 혁파하였다. 그 후 도중島中에 해마다 기황飢荒과 여역癘疫이 그치지 않자, 주민들이 '단사壇祀를 혁파한 데에서 탈이 난 것이다.' 하고, 지금의 목사 정동후鄭東後에게 다시 설치할 것을 호소하니, 정동후가 조정에 계문啓聞하였다. 이때에 이르러 예조에서 복주하여 허락할 것을 청하니, 세자가 그대로 따랐다. 이 해부터 경사京師에서 향축香祝을 내려 보내어 제사하게 하였다.

命立風雲雷雨壇於濟州. 先是, 濟州自設郡初, 有風雲雷雨壇, 自本州致祭, 牧使李衡祥以爲, 非州官所可私祀者, 狀聞罷之. 其後島中連年飢荒, 癘疫不息, 州民以爲祟在壇祀之罷革, 訴于今牧使鄭東後請復, 而東後聞于朝. 至是禮曹奏請許之, 世子從之. 自是歲自京師, 下送香祝以祝之.

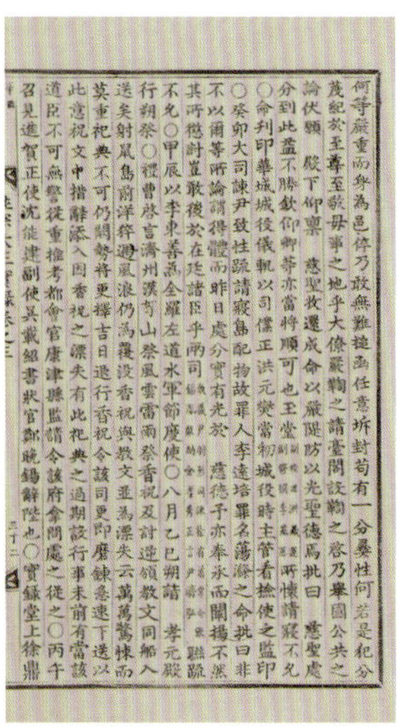

『순조실록』 3권, 순조 1년(1801) 8월 1일

예조에서 아뢰기를, "제주의 한라산제漢拏山祭와 풍운뇌우제風雲雷雨祭에 쓸 향香과 축문祝文 및 토역討逆한 반교문頒敎文을 같은 배로 들여보냈었는데, '사서도射鼠島 앞 바다에서 갑자기 풍랑風浪을 만나 그대로 배가 뒤집혀 가라앉아서 향·축문과 교문이 아울러 물에 흘러가 없어졌다.'고 하니, 대단히 놀랍고 송구합니다. 그런데 막중한 사전祀典을 그냥 빠뜨릴 수 없으므로 형편이 장차 다시 길일吉日을 택하여 물려서 행해야 될 것이니, 향과 축문을 해사該司로 하여금 다시 곧바로 마련하여 급속히 내려 보내되 이 뜻을 축문 가운데에 적당한 문구文句를 만들어 첨입하도록 하소서 …

禮曹啓言: "濟州 漢拏山祭, 風雲雷雨祭香祝及討逆頒敎文, 同船入送矣. 射鼠島前洋, 猝遇風浪, 仍爲覆沒, 香祝與敎文, 竝爲漂失云, 萬萬驚悚. 而莫重祀典, 不可仍闕, 勢將更擇吉日退行, 香, 祝令該司, 更卽磨鍊, 急速下送, 以此意祝文中措辭添入 …

민간에서는 용왕과 바람의 여신 영등할망에게 제사를 지내는 굿을 행하였다. 이러한 의례를 약마희躍馬戲라고 하며 『신증동국여지승람新增東國輿地勝覽』, 『탐라지』 등에 소개되어 있다. 내용은 2월 초하루에 귀덕과 김녕 등지에서 신을 맞이하여 제사를 지내며 애월 사람들은 떼[짚배]를 말머리처럼 만든 후 비단으로 꾸며 배를 띄우며 신을 즐겁게 한다는 내용이다. 사람들은 정성스레 음식을 차리고 신을 청했으며 잘 대접한 후 신을 보낼 때에도 짚배에 제물을 넣어 함께 보냈다. 이러한 약마희 전통은 영등굿으로 전해져 오고 있는데 '제주 칠머리당 영등굿'이 대표적이다. 이 영등굿은 유네스코 인류무형문화유산에 등재되었으며 제주 사람들의 염원을 담은 무속신앙의 상징이라 할 수 있다.

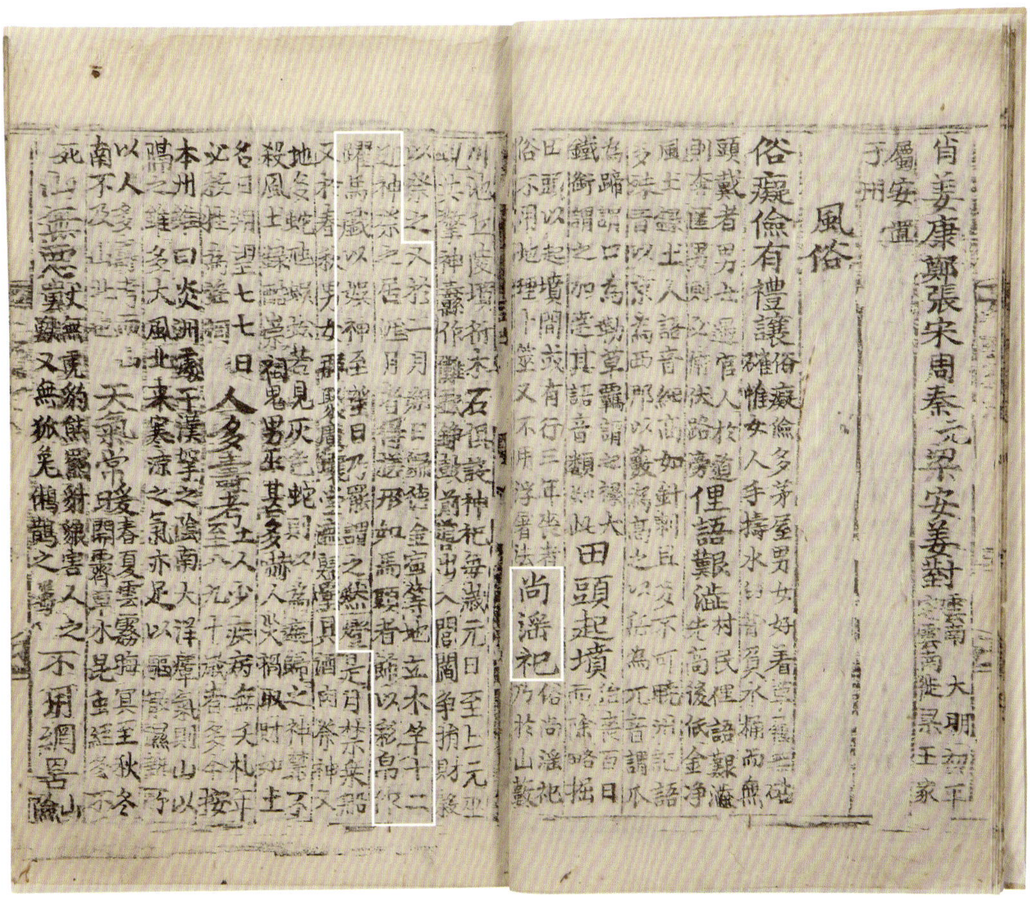

42

탐라지 耽羅誌

Tamnaji, Town Chronicle of Jeju Island

이원진李元鎭(1594~1665), 박장복朴長復(1778~?) 간행
조선 19세기
31.5×20.5
국립제주박물관
제주기12

풍속風俗 **음사를 숭상한다**尙淫祀

또한 2월 초하룻날 귀덕歸德 · 김녕金寧 등지에서는 나무 장대 열두 개를 세워 신을 맞아 제사한다. 애월涯月 사람들은 떼槎 모양을 말머리馬頭처럼 만들고 비단으로 곱게 꾸며서 약마희躍馬戲를 벌여 신을 즐겁게 하였다. 보름날이 되면 마쳤는데 그것을 연등燃燈이라고 하였다.

사진23 제주칠머리당 영등송별제, 강만보

영등굿의 절차

① 초감제 : 모든 신을 청하여 참가자의 행운을 비는 의례

② 용왕맞이 : 용왕과 영등신이 오는 길을 닦아 신을 청하고 풍요를 기원하는 의례

③ 씨드림(씨점) : 미역, 전복, 소라의 씨(좁씨)를 바다에 뿌려 풍요를 빌고, 풍요 여부를 점치는 의례

④ 도산받음(자손들 산받음) : 마을 전체의 안녕과 각 집안의 안녕을 점쳐 신의神意를 전달하는 의례

⑤ 배방선 : 미리 마련해둔 짚배에 제물을 싣고 영등신을 보내는 의례

사진24 영등배 방선 준비, 강만보

사진25 물 위로 떠 가는 영등배, 강만보

COLUMN

제주대학교
국어국문학과 교수
허남춘

태풍과 외눈배기섬

진성기가 채록해 놓은 『제주도무가본풀이사전』에는 한림읍 한림리의 영등당을 소개해 놓았다. 그런데 이 책에는 영등당의 당신본풀이로 두 개의 본풀이가 채록되어 있다. 하나는 김승은 심방의 본풀이로 '황영등'이라는 존재가 등장하여 한수리 고깃배가 외눈배기 땅에서 만난 위험을 벗어날 수 있게 도와주고 자신은 희생당했으며, 그 후 그를 위해 영등제를 지낸다는 내용이다. 그런데 또 하나의 본풀이는 양태옥 심방이 구송한 것으로, 유대감 집에서 글을 가르치던 '전영등'이라는 존재가 2월 초하루에 사망하고 유대감이 그를 위해 제사를 지내자 나중에 그 집에 풍년을 가져다주었다는 것이다. 그러다가 전도에 퍼져서 영등제를 지내게 되었다는 내용이다.

<**영등당 본풀이** ①>

옛날 성은 황씨 / 이름은 영등이라는 / 민간 사름도 아니고 / 저싱 사름도 아니고 / 요왕 사름도 아닌 / 대왕이 무휴에서 솟아나 / 요왕황저일 들어가 / 이 때 동정국 애기씨 ᄒᆞ고 / 서정국부인광, 서녀광 서이가 / 나발이펑개에서 / 노념을 ᄒᆞᆯ 때에 / 한수릿 괴깃배가 / 풍파를 만나서 / 외눈배기 땅데레 불려감시니 / 영등대왕이 나산 / "저 사름을 구제해서 살리라", ᄒᆞ여 / 큰 왕석 우이 가 앚아시니 / 배가 그 안으로 들어갔수다 / 영등대왕이 그 사름들을 / 전부 / 왕석 쏘곱데레 곱져부니 / 외눈배기놈들이 물어먹을랴고 / 개를 ᄃᆞ리고 들어오면서 / "곧 이제 존 반찬이 왔는디 / 어디 갔느냐?"고 ᄒᆞ자 / 영등대왕은 / "나도 그런 걸 봉글랴고 나앚았다"ᄒᆞ니 / 외눈배기놈들은 다 나가부렸수다 / 영등대왕은 배를 내여놓아 / 보제기들을 보내면서 / "이 배를 탕 가면서 '가남보살 가남보살'ᄒᆞ멍 / 가라"고 시겼수다 / 보제기들은 배를 타두서 / "가남보살 가남보살"을 불르멍 돌아오는디 / 거저 ᄒᆞᆫ ᄀᆞᆺ이 당ᄒᆞ여가난 / "가남보살을 아니불른덜 이제사 관계 엇다"해서 / 그만 가남보살을 아니불르니 / 호련 강풍이 또시 일어가지고 / 또로 외눈배기 땅데레 들어가니 / 영등대왕은 ᄀᆞ리에 그 자리에 / 나앚아 이서 / 보제기들은 / "살려줍서"고 빌었수다 / 영등대왕은 / "왜 그 때에 / 내가 뭐라고 ᄒᆞ더냐?"ᄒᆞ면서 / "따시 가남보살 가남보살을 불르밍 가라"고 ᄒᆞ였수다 / 경ᄒᆞ고 또 "ᄒᆞᆫ ᄀᆞᆺ딜 가더라도 / 가남보살을 불르멍 댕이곡 / 영등ᄃᆞᆯ 초ᄒᆞ를날랑 / 날 생각을 ᄒᆞ여라"ᄒᆞ니 / 그 때에 보제기들은 / 가남보살을 불르멍 / 괴양 한수리ᄁᆞ지 돌아왔수다 / 글지후제 외눈배기놈들은 / 영등대왕신디 가 / "당신 덕분에 / 존 반찬을 못 먹었다"고 해서 / 영등대왕을 / 장도칼로 삼도막에 그차 / 죽여 / 바당데레 내껴부니 / 머릿빡은 소섬으로 올르고 / 발치거린 한수리 비꿀물로 / 올르고 / 한ᄌᆞᆫ동은 청산으로 올르니 / 민간 백성들은 / 바당에 수중액을 막아준 / 영등대왕의 그 은혜를 / 생각ᄒᆞ연 / 소섬에서 / 정월 구믐날 제를 치고 / 초ᄒᆞ를날 비꿀물에 오고 / 청산은 초닷쉿날 / 영등제를 시작ᄒᆞᆸ네다 / 그 때에 영등대왕이 제를 잘 받아먹으민 / 고양데레 가곡 / 일년에 ᄒᆞᆫ번 돌아보는 / 조상이우다 / 이 영등대왕은 / 소섬에도 처가 있고 / 한수리도 처가 있어 / 각시는 삼첩입네다.(김승은 심방)[1]

송화섭은 '황영등설화'를 인용하여 "가남보살"을 외면서 외눈배기섬을 빠져나가는 신앙민의 성격을 통해 관음신앙의 흔적이 있다고 했고, 설화 속의 강남천자국은 불교성지인 보타낙가산普陀洛迦山이라 규정했다.[2] 한 · 중 해양문화 속에서 민중을 위해 헌신 봉사하는 마조와, 민중을 구하기도 하고 민중에게 보살핌을 받는 영등신을 비교한 성과도 있다.[3] 오늘날의 영등굿이 확고해지기 전에 고려 연등제의 풍속과 조선조 민간신앙과 불교신앙이 습합하는 모습과 17세기 이후 바람의 신을 섬기어 풍어를 기원하는 무속적 영등굿으로 변천하는 과정을 살핀 연구[4]도 있다. 한편 현용준의 「제주도의 영등굿」이라는 논문에 소개된 제주시 일도동 무녀女巫 이씨의 제보를 통해서도 영등신화와 영등굿의 모습을 알 수 있다.

영등은 '할망(할머니)'이 아니라 '하르방'이다. 그는 본래 널개[翰京面 板浦里] 사람으로서 어부였다. 하루는 고기잡이를 하다가 대풍이 불어 풍랑을 따라 표류하다가 '외눈배기섬[一目人島]'에 표착하였다. 외눈배기는 눈이 하나만 달린 괴인으로 사람을 잡아먹는 종족인데, 그는 이들과 같이 살게 되었다.

1 진성기, 『제주도무가본풀이사전』, 민속원, 1991, pp.578~579.

2 송화섭, 「동아시아 해양신앙과 제주도의 영등할망 선문대할망」, 『탐라문화』 37호, 2010, pp.206~210.

3 상기숙, 「한중해양신앙비교연구-마조와 영등을 중심으로」, 『동방학』 27권, 한서대 동양고전연구소, 2013, pp.189~213.

4 한금순, 「제주도 영등굿의 유래 - 연등회에서 영등굿으로의 변천」, 『정토학연구』 11권, 한국정토학회, 2008, p.497.

> 그 후 또 한림읍 수원리 사람들이 고기잡이를 하다가 이 섬에 표류해 왔다. … 고향 땅을 거의 밟게 된 그들은 긴장이 풀려 '개남보살'염불할 것을 그만 잊어버렸다. 그러자 대풍이 다시 일어나 그들은 다시 외눈배기섬으로 표류하고 말았다. … 영등하르방은 2월 초하룻날 와서 보름날에 나간다 하여 수원리 영등당에선 매년 큰굿을 하는 것이다.[5]

무녀女巫 이씨의 이 제보 내용은 앞서 진성기가 채록한 영등당의 당신본풀이와 비슷한 부분이 많다. 그러면서 후반부에는 우도와 산지, 수원리 같은 곳에서 영등굿이 크게 행해지고 있음을 말하고 있다. 실제로 우도나 산지의 영등굿은 지금도 행해지고 있다. 특히 산지는 지금의 제주시 건입동을 말하는데, 이곳의 영등굿은 현재 칠머리당 영등굿으로 중요무형문화재(제71호)로 국가가 지정한 상황이기도 하다. 이처럼 예전에는 수원리에서도 영등굿이 크게 행해졌다는 것이며, 이때의 수원리란 다름아닌 대림리와 한림리까지 포함하는 의미이다. 따라서 지금은 영등당이 없어졌지만 대림리의 이 영등당이 제주도 영등신앙의 중요한 본거지 중의 하나였음을 말해주는 것이라고 할 수 있다.

영등굿은 사면이 바다로 둘러싸인 섬인 제주에서 바람을 삶 속에서 이해하고 이에 적응해 나가기 위해 제주도민들이 행하는 신앙이자 정신문화이기도 하다. 영등신에 대한 두 종류의 전승 중에 외눈배기 섬과 관련한 전승에 주목할 필요가 있다.

한수리 어부들이 "풍파를 만나서 / 외눈배기 땅데레 불려감시니", "호련 강풍이 도시 일어가지고 / 또로 외눈배기 땅데레 들어가니"에서처럼, 한림읍 대림리 영등당의 당신본풀이는 어부들이 풍랑을 만나 외눈배기 섬에 표류한 것이 영등굿을 지내는 시초가 되었음을 이야기하고 있다. 현용준의 채록에서도 "대풍이 불어 풍랑을 따라 표류하다가 '외눈배기섬[一目人島]'에 표착하였다."고 두 번 말하고 있다. 삶의 역사에서 늘 겪는 어업활동의 애로가 그대로 드러난 대목이다. 시시각각으로 변하는 해상의 날씨에 불안을 느끼며 위험스런 어업활동에 종사해야 하는 이들의 인식이 이런 본풀이를 낳았다고 생각된다. 그들은 위험한 바다에서 어떤 초월적인 힘의 도움으로 무사안녕을 바랐던 것이다. 바다의 날씨와 바람의 변덕에 조난을 당한 이들이 다시 극적으로 귀환하게 된 삶의 기억이 오랫동안 모이면, 이런 공통의 유산을 만들어낼 수 있다. 외눈배기 땅에 흘러가 온갖 어려움을 뚫고 다시 생환하는 이런 유형의 이야기는 전세계에서 보편적으로 나타나는 유형이기도 하다. 말하자면 영등굿에는 끊임없이 이어지는 표류와 귀환의 기억이 새겨져 있다고 하겠다.

제주의 신앙은 자연을 신성하게 여기고 있다. 영등굿은 바람을 중시하고, 마불림은 바람과 태양 볕을 중시한다. 그래서 "당제에 직접적인 영향을 끼치고 있는 것은 자연의 질서다. 대기 속에서 이루어지는 태양의 간섭을 받아들이고 구체화하는 질서가 곧 자연의 질서이다. 자연의 질서 가운데 천체 기후가 긴요한 구실을 하는데, 그에 관한 핵심적인 요소가 곧 바람, 비, 태양 등이다. 자연질서는 그 자체로 소중한 의의가 있으나, 인간의 문화와 생업에 영향을 끼치고 있다는 점에서도 소중하다."[6]는 묵시록에 귀 기울여 '자연의 질서'를 소중히 여기는 제주 신앙체계를 새삼 들여다보아야 옳다. 땅을 파헤치면서도 땅에 대한 소중함을 잃고, 바다에서 귀중한 것을 얻으면서도 바다에 대한 고마움을 잃어버린 현대 인간의 심성은 신화적 사고를 통해 새롭게 치유되어야 한다. 바다가 오염되어 온갖 쓰레기로 몸살을 앓고 그 바다밭의 생명을 잃게 되는데도 부풀린 욕망을 제어하지 않는 우리 시대의 정신을 경고한다. 영등굿은 바다와 바람의 소중함을 일깨우면서 자연 앞에 선 우리에게 다시 옷깃을 여미게 한다. 자연에 대한 경건한 마음을 북돋는다.

제주도 정월 풍속에서 "음사를 숭상하여 산과 숲, 내와 못, 높은 언덕이나 낮은 언덕, 물가와 평지, 나무와 돌 따위를 모두 신으로 섬겨 제사를 베푼다."고 했다. 자연계의 사물을 하나하나 열거했다. 산과 숲, 내와 못, 언덕과 평지, 나무와 돌 등 자연물에 대한 신앙을 여실히 보여준다. 애니미즘적 현장을 그대로 적시하고 있어 놀랍다. 그리고 이것은 지금까지 이어져 오는 본향당의 모습이고 그 안에 있는 신체神體이기도 하다. 자연은 무한한 생명력이어서 하늘 · 땅 · 태양 · 물 등 자연을 구성하는 근원적 요소들은 인간에게 초월적 생명력 즉 신성이 되었던 점[7]을 상기하자. 우리가 바람의 신이라고 여기는 황영등의 희생 뒤에는 엄청난 무서운 자연이 자리 잡고 있다. 바람 중에 거대한 힘을 지닌 태풍은 그 위력이 섬 전체를 삼킬 듯한 기세였을 것이다. 강력한 태풍의 눈을 보면서 옛날 사람들은 '외눈배기섬의 괴물'을 상상해 내었을 것이다. 지금 우리가 일기예보에서 확인하는 인공위성 영상 속에는 '태풍의 눈'이 확연하다. 예전 사람들은 지상에서 올려다보며, 엄청난 구름과 비를 몰고 오는 태풍 덩어리 속에서 중심부의 새파란 하늘을 보았을 것이고, 태풍의 눈을 보며 외눈박이 거인을 연상했던 것 같다. 제주 사람들은 그 자연현상에서 '외눈박이'의 거대한 힘을 느꼈을 것이라고 신동흔 교수(건국대)가 제언한 바 있어, 이를 구체화해 보았다.

한쪽 눈으로 세상을 노려보고 어부들을 삼켜버리는 괴물은 다름 아닌 자연의 바람, 태풍이었다. 그 자연을 잘 다룰 방법은 자연에 순응하는 길이었고, 자연의 무한한 힘에 거역하지 않고 경건하게 사는 길이었다. 자연이 주는 무한한 혜택에 늘 감사하고 함께 나누는 것도 중요한 덕목이었다.

5 현용준, 「제주도의 영등굿」, 『제주도 무속과 그 주변』, 집문당, 2002, pp.58~59.
6 김헌선, 『제주도 당제의 신화 생명체계 연구』, p.11.
7 하순애, 「바람과 제주도 영등신앙」, 『제주도연구』 제33집, 제주학회, 2010, p.280.

COLUMN

국립제주박물관
학예연구사
김진경

바람, 맞서는 것이 아니라 품는 것이다.

언제부터인지 정확하지 않지만, 사람들은 제주도를 '바람, 여자, 돌이 많은 섬, 삼다도三多島'라고 부른다. 이제는 사다도四多島, 오다도五多島 등 각자 제주를 달리 표현하지만, 지금도 '바람'만은 제주를 얘기할 때 빠지지 않는 요소이다.

따뜻한 봄날에도 제주에는 옷깃을 여미게 하는 바람이 분다. 여름에는 습한 바람이 불거나, 때때로 태풍이 휩쓸고 지나간다. 가을날의 선선한 바람은 짧디 짧고, 겨울에는 햇볕이 좋다가도 어느새 칼바람이 와서 꽂힌다. 제주에 온 관광객들은 여행 내내 날씨가 좋았다는 것이 얼마나 큰 행운인지 잘 모를 것이다. 조선시대 충암沖菴 김정金淨(1486~1521)은 1년 남짓한 제주도 유배 생활에서 겪은 날씨를 이렇게 표현하였다.

> 기후는 겨울에 따뜻하고 여름에 시원하기도 하여 변화무쌍하다.
> 바람은 따뜻한 것 같지만 사람에게는 심히 날카로워
> 사람이 입고 먹는 것을 조절하기가 어려워서 병나기가 쉽다.
> 게다가 구름과 안개가 항상 자욱하여 갠 날이 적고,
> 눈먼 바람과 괴이한 비가 때도 없이 일어난다.
> 氣候冬或溫夏或涼. 變錯無恒. 風氣似暄而着人甚尖利.
> 人衣食難節. 故易於生疾. 加以雲霧恒陰翳少開霽. 盲風怪雨.
> **김정**金淨(1486~1521) 「**제주풍토록**濟州風土錄」 중

제주에 부는 바람은 단순한 기후환경이 아니라 제주의 역사와 문화를 만들어낸 근본적인 동력이다. 지금과 같은 항공 · 항해기술이 없던 시절, 바람에 의지한 채 동식물뿐만 아니라 사람과 문화가 제주로 들어왔다. 그들은 바람을 타고 육지와 끊임없이 교류했으며, 바람을 잘못 만나 아주 먼 곳으로 표류하기로 하였다. 제주사람들은 바람에 맞서지 않고 바람을 품기 위해 낮은 초가집을 짓고, 구불구불한 돌담을 쌓고, 매년 음력 2월에 영등신에게 기도를 올렸다.

지금은 관광지에서나 볼 수 있는 낯선 풍경이 되었지만, 제주도의 초가

1. 제주의 초가집, 서재철

2. 제주의 돌담, 이묘자

집은 바람을 맞는 제주사람들의 지혜를 가장 잘 반영하고 있다. 육지의 초가집과 가장 비교되는 것은 나지막한 오름처럼 경사가 완만한 지붕이다. 육지에서는 추수가 끝나면 쉽게 구할 수 있는 볏짚을 이용하여 빗물이 스며들지 않도록 경사가 급한 지붕을 만든다. 그러나 제주에서는 한라산 기슭 초원지대에서 자라는 자연 재료인 새(띠)[茅]를 펴고 새줄로 그물처럼 얽어매어 지붕을 만든다. 용마름이 없고 처마가 낮은 둥근 지붕은 바람이 자연스럽게 흘러 지나치게 되어 훨씬 힘을 덜 받게 된다. 처마 밑에 설치한 풍차風遮는 햇빛을 조절하는 차양 역할도 하지만, 바람 때문에 수평으로 내리치는 비를 막기 위해 반드시 필요하다. 초가의 구조는 강한 바람을 막기 위해 겹집으로 축조되었고, 전면에 설치한 낭간은 문과 내벽을 보호하기 위한 일종의 완충 공간이라고 할 수 있다. 또한 구들의 모든 벽은 집의 외벽에 맞닿지 않도록 설계되어 찬 바람에 식어버린 외벽의 냉기가 구들에 직접 전달되지 않도록 하였다. 외곽에는 돌담을 쌓아 이중으로 벽과 마당을 강풍으로부터 보호하였다. 특히 방풍림 조성이 어려운 북쪽 해안가에 접해 있는 초가집에서는 겨울철 강한 북서풍을 차단하기 위해 돌담을 지붕 높이까지 쌓기도 한다. 또한 돌담은 초가집과 빈 공간이 없을 만큼 가깝게 배치하여, 바람이 돌담을 넘어 완만한 지붕을 타고 지나가게 되는 것이다.

집으로 들어가는 진입로인 올레 역시 강한 바람을 피하기 위해 가옥의 정면을 비켜 구불구불 돌아가고 있다. 올레에는 보통 정낭이 설치되지만, 북쪽 해안 마을에는 이문간이 대문 기능을 하였다. 돌담과 이어지는 이문간은 안채로 바람이 들어오는 것을 막는 역할을 하였다. 제주의 초가집은 제주사람들이 모진 바람에 대응하기 위해 어쩔 수 없이 체득하게 된 지혜의 집약체이다.

그리고 집 앞에서 산으로, 밭으로, 목장으로, 무덤으로 이어지는 돌담에도 바람의 영향을 빼놓을 수 없다. 지금도 제주에서는 눈을 돌리면 현무암을 아무렇게나 쌓아올린 듯 한 까만 돌담을 볼 수 있다. 경계를 나누고, 바람이 들이치는 것을 막고, 마소가 넘어오지 못하게 하기 위한 제주의 돌담은 바람에 무너지지 않도록 과학적으로 만들어졌다.

자연 그대로의 크고 작은 돌을 쌓아올린 돌담은 언뜻 허술해 보이지만, 얽히고설킨 돌 사이의 빈틈은 바람이 통과하는 길이다. 아무리 거센 바람도 구멍을 통해 통과하기 때문에 돌 자체의 무게로 버틸 수 있는 것이다. 치밀하지만 틈을 주며 쌓는 것. 언뜻 간단해 보이지만 지금은 그 일을 할 수 있는 사람이 별로 없을 만큼 기술이 필요한 일이다.

오늘도 제주에는 바람이 분다. '왜 이렇게 바람이 세요?'라고 묻는 외지인인 나에게 제주사람들은 습관처럼 답한다. '제주에서 이 정도 바람은 바람도 아니다'라고. 그 기준을 나는 아직 정확히 알 수 없다. 딱히 말로 설명할 수 없지만, 섬사람이라면 누구나 알고 있는 것. 제주도의 초가집과 돌담은 바람을 품으면서 자연스럽게 터득한 섬사람들의 이야기를 담고 있다. 이제는 잊혀져가는 그 이야기를 일부러라도 남겨야 하지 않을까.

참고문헌

김기덕 · 이승호, 「제주도의 기후와 관련된 전통 가옥 경관」, 대한지리학회 춘계학술대회논문집, 1999.

김태일, 「제주의 전통 건축과 바람」, 『바람과 제주인의 삶』, 제주학회 전국학술대회 발표자료집, 2009.

정광중, 「제주 돌담의 가치와 돌담 속 숨겨진 선조들의 지혜 찾기」, 『제주도연구』 제48집, 제주학회, 2017.

주강현, 『제주기행』, 웅진지식하우스, 2011.

제주특별자치도·제주연구원 제주학연구센터, 『제주학개론』, 제주연구원 제주학총서 27, 2017.

Inspiration 2

바람의, 바람에 의한, 바람을 위한 예술

형체도 없고 만질 수 없는, 그러나 단지 느낄 수만 있었던 바람은 늘 인간의 숭배 대상이었다. 인간이 상상하는 바람의 신은 대담한 인상을 풍기고 있었다. 중국 돈황 막고굴에 표현된 풍신에서부터 일본 에도시대에 표현된 강렬한 색채의 대비효과로 표출되는 풍신에 이르기까지 그들의 모습에 경외와 공포, 존경과 숭배를 넘어선 예술적 영감의 존재였다.

어느 날, 휘몰아치는 비바람에 굴복하지 않는 섬과 그 섬에 담긴 것들을 화폭에 녹여내듯 풀어헤친다. 그 화폭이 가능했던 것은 늘 바람을 품고 사는

섬 사람의 붓 끝이었기에 더 진해졌을 것이다. 격동의 영감을 받는 예술가의 삶은 녹녹치 않다. 제주의 사람으로 태어나 제주를 그렸던 이들의 세계는 각별하고도 평범하다.
자신은 그냥 관찰자이며 가슴과 머리 속에 저장해두었던 장면에 어떤 느낌이 들 때 붓을 든다고 말한 강요배처럼 그가 그린 제주의 풍경은 진한 제주 몸국처럼 우려진 그림이 되어 나왔다. 빛과 바람의 화가 변시지도 제주 바람의 길을 묵묵이 황토빛과 먹색으로 세상에 널리 알렸다.

제주의 바람 속에는 고독과 은둔, 그 안에서 펼쳐지는 폭풍같은 자기성찰과 방황이 함께 담겨 있다. 그들이 말하는 바람, 폭풍의 정점은 태풍이지 않았을까 싶다. 그 억센 바람은 작가들에게 영감의 뮤즈처럼 다가와 거친 화폭에 고스란히 남았을 것이다. 지금 당신의 눈에 비친 제주의 바람은 어떻게 다가오는지 모르겠지만 바람은 다 계획이 있었던 것이다.

키워드 : 강렬한 인상, 영감, 성찰, 바람, 폭풍, 강요배, 변시지

태풍 고백
TYPHOON: Confession of the One-eyed Wind
하나의 눈동자를 가진
외눈박이 바람의 고백
3. 바람으로 태어난 제주 섬의 미학
Jeju born as wind, esthetics of island
바람이 만든
제주의 미학

사진26 전시 모습

특별전 참여 작품

바람은 많은 예술가들에게 영감을 주는 소재이다.
이번 특별전에 출품된 작품들은
제주의 바람과 태풍에 대한 작가의 개성이 잘 반영되어 있으며
바람을 시각적으로 표현하기 위한 다양한 기법과 은유를 통해
일상적으로 느끼는 바람을 다채롭게 느낄 수 있을 것이다.
또한 일반인들이 경험한 직접적인 태풍의 모습들도
영상으로 만들어져 공개하고 있다. [국립제주박물관 유튜브 참고]

박진우, Park Jinwoo

태풍은 폭우를 동반한 강한 바람이다. 물과 바람, 바람과 물이 태풍의 주요소이다. '물과 바람을 화폭에 담아낼 수 없을까?' '물과 바람 자체가 작품의 주제가 될 수 없을까?' 자연그대로의 태풍 모습, 물과 바람을 오롯하게 작품에 담아내는 것. 그것이 중요했다.

'물과 바람을 화폭에 직접 담아내 보자.' '물은 물대로. 바람은 바람대로.' 그렇게 해서 〈물바람〉이 만들어졌다. 태풍의 물은 전통 서화書畫의 주재료인 먹墨을 사용했다. 아주 옅은 먹[淡墨]부터 짙은 먹[濃墨]의 순서로 농도가 다른 수십 종류의 먹물이 작품에 사용되었다. 이를 통해 다양한 먹빛을 구현했고, 태풍의 다양한 모습을 나타내는 결과로 이어졌다. 태풍의 바람은 붓을 사용하되, 바람의 느낌을 표현하기 위해서 화면 위 공중에서 붓을 빠른 속도로 내려 던져 화면에 먹물이 튀는 형식을 사용했다. 잭슨 폴록Jackson Pollock(1912~1956)의 액션 페인팅과 흡사한 방식이다. 수 백, 수 천 번의 내려 던지는 행위를 통해 바람의 길이 만들어졌다.

태풍은 그 속도와 방향이 시시각각으로 변화무상하다. 과학이 발달한 현대에도 태풍의 패턴을 읽기가 쉽지 않다. 무작위無作爲이다. 화폭 위에서 붓을 아래로 던져 먹물이 튀게 하는 행위는 붓으로 쓰거나[書] 그리는 것[畵]과는 본질적으로 다르다. 쓰고 그리는 것은 작가가 통제 할 수 있는 영역 내의 일이지만, 공중에서 뿌린다는 것은 일정한 방향성은 담보되지만 세부적으로는 작가가 조정할 수 있는 영역 밖의 일이다. 우연적인 요소가 많이 작용할 수 있으며, 의도하지 않은 결과도 나올 수 있다. 태풍의 모습이 바로 이런 비정형화된 모습이다. 이런 작업 행위를 통해 태풍의 변화무상함을 표현하고 싶었다.

태풍은 제주의 고단한 삶을 떠올린다. 태풍이 휩쓸고 간 자리는 폭탄이 지나 간 것 같다. 강력한 물바람이 할퀴고 간 대지는 만신창이가 된다. 하지만 제주 사람들은 자연을 있는 그대로 받아들이고, 늘 그래왔듯이 다시 일어선다. 반복되는 고단한 삶이지만 인내와 희생으로 파괴된 공동체를 복원해낸다. 〈물바람〉에 사용된 종이는 전통 한지로, 오랜 기간 태풍을 견뎌 온 제주의 땅을 연상시킨다. 이 작품에서는 한지의 무게보다 수 십 배 많은 양의 물이 사용되었다. 물을 흠뻑 머금은 한지는 금방이라도 찢어질 것 같지만, 묵묵하게 물을 받아들이고 견뎌내었다. 제주의 자연과 제주 사람들이 물바람에 굴복하지 않고 끈질긴 생명력을 보여주는 것처럼 한지 역시 그런 모습을 보여주었다.

43

물바람
Water Wind

박진우 Park Jinwoo
2020년
한지에 먹
각 148.0×120.0

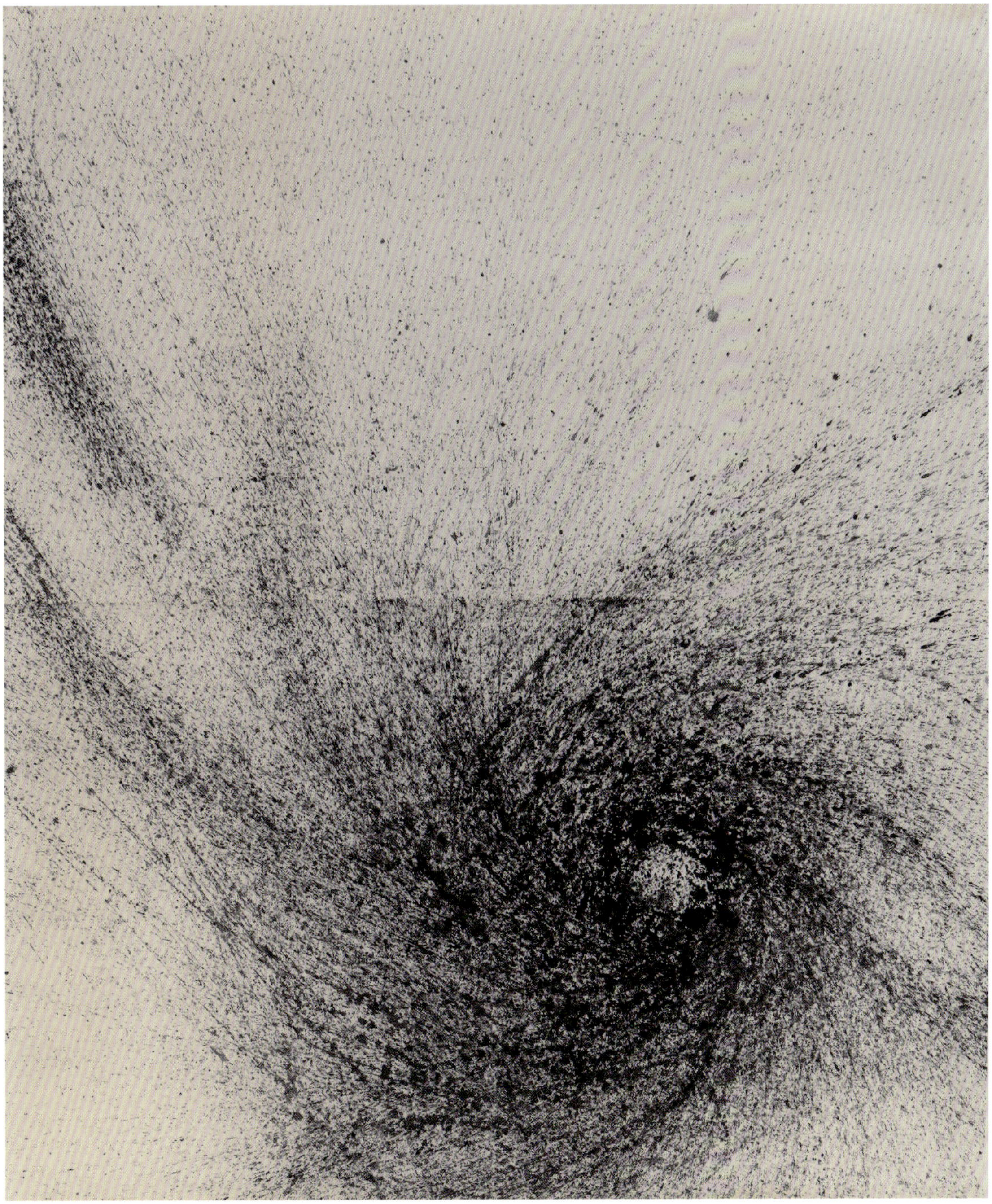

김선희, Kim Sunhee

제주도의 영등할망신화의 내용을 반영한 작품이다. 신화의 내용 중에 "그의 명복을 빌어주면 해상에서 사고도 예방할 수 있을 뿐만 아니라 곡식도 풍성해진다"는 내용에서 영감을 얻고 제작한 작품이다. 영등할망을 위해 제를 지내면 미역의 씨앗을 뿌려주어 풍년이 든다는 내용은 아주 흥미롭다.

44

풍요를 기원합니다
Pray Richness

김선희 Kim Sunhee
2014년
한지에 혼합재료
145.0×145.0

45

볼라벤
Bolaven

홍진숙 Hong Jinsuk
2012년
소멸목판화
67.0×81.0

제주도에서 역대급으로 강력했던 태풍 볼라벤 때, 태풍을 대비해 아파트 15층의 유리창을 X자로 테이프를 붙였다. 그리고 밤새 휘몰아치던 바람에 아파트 건물이 휘청대던 기억이 뚜렷하게 남아 있다. 거실에 있던 금붕어 통 물이 찰랑거릴 정도로 바람이 셌던 볼라벤 태풍. 다음날 작업실에 가서 볼라벤 태풍을 상상하며 제주 해안을 표현하였다.

46

태풍
Typhoon

홍진숙 Hong Jinsuk
1997년
소멸목판화
94.0×108.0

1997년 '동네' 시리즈 작업을 주로 하고 있을 때였다. 작업을 위해 동네를 다니던 중, 태풍이 치는 날 서문통 근처를 지나갔었다. 그 당시 근처에 있는 고목이 바람에 나부끼는 모습이 너무나 강렬하여 작품으로 표현한 것이 '태풍'이다.

47

바람소리
Sound of Wind

홍진숙 Hong Jinsuk
2011년
소멸목판화
57.0×115.0

2011년에는 많은 태풍이 제주 섬에 있었다. 대형태풍이었던 메아리 태풍. 이름만큼이나 메아리칠 만큼 휘몰아치는 바람소리를 표현한 작품이다.

48

섬, 예감
Jeju Island, Hunch

홍진숙 Hong Jinsuk
2011년
소멸목판화
48.0×62.0

제주도는 우리나라 남쪽 해상으로부터 태풍의 영향을 가장 먼저 받는 길목에 위치해 있다. 자연의 위력 앞에 섬은 하나의 점에 불과할 뿐이다. 태풍이 오는 길목, 제주 섬에 닥쳐오는 바람과 폭풍의 예감을 작품으로 표현한 것이다.

COLUMN

국립제주박물관
학예연구사
김승익

바람을 담은 동서양의 미술

바람은 색과 형태가 없는 공기의 움직임이지만 크고 작은 자연의 물리적 변화를 만들어 내면서 그 존재를 드러낸다. 스스로 제 모습을 드러내는 법이 없는 바람은 파란 하늘 아래 흩날리는 풀잎과 호숫가의 일렁이는 물결처럼 종종 온화한 모습으로 나타나기도 하지만 때로는 천둥과 번개를 동반한 강한 비바람, 집어삼킬 듯 몰아치는 파도와 같은 파괴적이며 거대한 자연의 힘으로 변화하기도 한다. 매순간 변화하는 기상 현상을 만들어내는 바람은 동서양을 막론하고 예술가들의 관심을 끌었다. 많은 문학가, 음악가, 미술가 등 여러 장르의 예술가들이 바람을 이야기하고 노래하며 그려내고자 했다. 특히 바람이 지닌 비가시성과 가변성은 오랜 기간 미술가들에게 영감을 주었고, 바람은 시대와 지역에 따라 다채로운 양상으로 시각화되었다.

신의 모습을 한 바람

해와 달, 별과 같은 천체의 모습이나 바람, 비, 구름 등 기상 현상은 예로부터 숭배의 대상이었다. 그중에서도 형체가 없는 바람은 동서양의 미술에서 흔히 신神의 모습으로 재현되었다. 그리스신화의 속에서 봄을 가져오는 서풍西風의 신 제피로스Zephyrus는 씨앗을 자라게 하는 생명의 신으로서 고대 그리스 도기나 로마 시대 벽화, 부조에서부터 르네상스와 바로크, 아카데미즘 미술에 이르기까지 오랫동안 그려졌다. 15세기 초기 르네상스의 거장 산드로 보티첼리Sandro Botticelli의 〈비너스의 탄생Birth of Venus〉과 〈봄Primavera〉이 대표적인 사례로 작품 속에서 제피로스는 비너스를 탄생시키고 대지 위에 봄을 불러내면서 생명을 창조하는 상징으로 등장한다.

중국에서는 천둥과 함께 강력한 바람을 몰고 오는 풍신風神에 대한 인식은 처음 도교적 전통에 출발하였으나 점차 불교 미술에서도 수용되었다. 풍신이 표현된 이른 사례는 6세기 중엽 중국 서위西魏 시대 조성된 둔황敦煌 막고굴莫高窟 벽화에서 찾아볼 수 있는데, 여기서 풍신은 뇌신雷神

1. 산드로 보티첼리Sandro Botticelli
<비너스의 탄생Birth of Venus>
1485년경, 패널에 템페라,
172.5×278.5cm
우피치미술관Uffizi Gallery 소장
©Google Art Project / Wikicommons

2. 다와라야 소타쓰俵屋宗達
<풍신뇌신도병풍風神雷神図屏風>
17세기, 금박을 입힌 종이에 채색,
각 154.5×169.8cm,
쿄토 켄닌지建仁寺 소장

과 함께 요괴의 얼굴과 동물의 몸체가 결합한 형태로 그려졌다. 강력한 힘을 지닌 귀신의 모습으로 풍신을 재현하는 전통은 오랫동안 이어져 17세기 일본 에도시대의 화가 다와라야 소타쓰俵屋宗達는 금박金箔의 화면에 과감한 구도와 강렬한 색의 대비로 풍신을 표현하기도 했다.

자연과 내면의 풍경

바람은 비가시적 특성으로 인해 산수화山水畫나 풍경화Landscape painting에서 비나 눈, 나무, 파도와 같은 주변 자연물의 움직임으로 표현되었다. 하지만 여백을 중시하는 산수화의 전통 속에서 바람은 물과 구름과 같이 여백으로 처리된 빈 공간에서 생략과 함축의 방식으로 그려졌다. 중국 산수화에서 바람이 있는 장면은 남송대부터 여러 화가들이 그리기

3. 대진戴進 <풍우귀주風雨歸舟>
15세기, 비단에 담채, 143×81.8cm
타이페이 국립고궁박물원國立故宮博物院 소장

시작했으나 15세기 중국 명대 화가 대진戴進은 여백의 공간을 살린 과감한 구성으로 새로운 전형을 만들었다. 그의 대표작 〈풍우귀주風雨歸舟〉에서 드러나듯이 그는 비바람이 몰아치는 장면을 그리기 위해 화면 대각선으로 과감히 붓질하고 먹의 농담으로 여백을 만들어 빗줄기와 바람의 힘, 대기의 느낌까지 성공적으로 표현해냈다. 16세기 일본 무로마치 시대 승려화가의 셋손 슈케이雪村周継는 이상적인 중국 산수와는 달리 해안이 많은 일본의 자연 환경을 반영해 바람을 표현하기도 했다. 그의 〈풍도도風濤図〉는 구부러진 나뭇가지와 담묵의 농담으로 바람을 표현하여 중국 산수화의 전통을 따르고 있지만 거친 파도에서 휩쓸리는 폭풍우 몰아치는 해안의 풍경을 단순하고 대담한 구성에 담아낸 걸작 중의 하나이다. 한편, 형사形似보다는 사의寫意, 즉 대상의 외형적 묘사보다 내면의 정신이나 뜻을 중시하는 풍조 속에서 바람은 인위적인 사상과 감정이 투사되어 표현되었다. 〈풍죽風竹〉, 〈풍란風蘭〉등 한국과 중국, 일본 등 동아시아 문인화가들이 즐겨 그렸던 사군자 그림 속 바람은 선비의 절개와 지조를 위협하는 고난과 시련을 상징한다.

서양미술에서 자연 풍경은 르네상스 이후에야 회화의 재현 대상으로 모색되었고, 17세기를 거쳐 19세기에 이르면서 풍경화가 독자적인 장르로 보편화 되었다. 바람을 소재로 한 작품 역시 이와 같은 흐름 속에서 나타난다. 대기의 흐름으로써 바람은 모든 자연 풍경 속에 담길 수 있지만 폭풍우이나 눈보라와 같은 거대한 자연의 변화를 담은 장면에서 바람의 더욱 극적으로 포착된다. 이로 인해 바다를 소재로 다른 많은 풍경화에서 바람은 화면에 중심적인 모티프가 되었다. 18~19세기 초 프랑스의 클로드 조셉 베르네Claude-Joseph Vernet와 영국의 윌리엄 터너J.M.William Turner는 폭풍이 몰아치는 바다와 파도에 휘말려 조난 당한 배를 그린 해양 풍경화로 큰 명성을 얻었다. 바람이 만들어 내는 거대한 자연의 변화 앞에 보잘것없는 인간 존재의 극명한 대비를 보여주었던

4. 셋손 슈케이雪村周継 <풍도도風濤図>
16세기, 종이에 담채, 22.1×33.8cm
교토 노무라미술관野村美術館 소장

이들의 작품은 경외와 공포, 쾌감과 같은 모순적인 감정을 유발하는 자연의 숭고한 아름다움을 담아낸 것으로 당대 비평가들의 찬사를 받았다. 서양미술에서 바람은 이러한 낭만주의 시대의 화가들을 시작으로 빛과 대기, 날씨의 변화에 민감하게 반응했던 인상주의 화가들을 거쳐 화면의 율동과 리듬, 생명력을 중시했던 20세기의 추상미술에 이르기까지 많은 미술 작품에 등장하는 소재가 되었다.

삶과 역사의 은유

육지로부터 멀리 떨어져 있는 섬은 지리적 특성으로 바람이 많고 이에 따른 독특한 생활 방식이나 문화가 존재한다. 매체와 표현 양식이 다양한 오늘날의 미술에서 바람은 독창적인 방식으로 여러 의미를 함축한다. 하지만 섬과 같은 지역의 고유한 자연환경과 연계되어 그 의미가 더욱 확장하기도 한다. 제주가 대표적인 사례로 제주의 바람은 자연경관이나 무속신앙, 주거 생활, 언어 등 여러 방면에 큰 영향을 남겼다. 변시지, 강요배와 같은 한국 현대미술에서 제주를 대표하는 화가들의 작품 세계 속에서도 제주의 거친 바람은 중심적인 부분을 차지한다.

'폭풍의 화가'로 널리 알리진 변시지는 일본 오사카미술학교를 졸업한 이후 인상주의에 기반한 사실주의적 풍경화를 그렸지만 1970년대 제주에서 정착하면서 제주의 풍토를 짙게 반영한 작품을 선보였다. 그의 작품에는 황토색 하늘과 바다, 돌담과 초가, 바람에 휘어진 해송, 까마귀, 여인, 말을 모는 남성, 등짐을 진 여인 등 제주의 고유 정취를 담은 토속적인 소재들이 반복적으로 나타난다. 메마르고 거친 붓질로 휘몰아치는 바람과 파도와 함께 격정적인 풍경으로 그려내 섬이 지닌 고립과 고독감을 절절히 드러내 보였다. 변시지는 그의 저서 『예술과 풍토』에서 어린 시절부터 친숙했던 제주 바람에 대한 기억과 제주도의 자연광에서 드러나는 황토에 대한 감정을 이야기한 바 있다. 그의 언급처럼 "섬의 척박한 역사와 수난으로 점철된 섬 사람들의 삶에 눈을 떴을 때" 자각된 제주의 풍토가 그의 창작에 중요한 기반이 되었다.

1980년대 초 민중미술 단체 〈현실과 발언〉의 동인으로 사회 비판적인 주제의 유화를 그렸던 강요배 역시 제주 특유의 자연과 삶을 소재로 한 작품을 줄곧 그려온 대표적인 화가이다. 그는 일찍부터 제주의 역사에 관심을 가

5. 윌리엄 터너J.M.William Turner **<눈보라**Snow Storm: Steam-Boat off a Harbour's Mouth**>**
1842, 캔버스에 유채, 91.5×122cm
런던 테이트브리튼Tate Britain 소장

6. 변시지 <풍파>
1986, 캔버스에 유채, 145×112cm
제주도립미술관 소장

져 1988년 현기영의 소설 『바람타는 섬』의 신문 연재 삽화를 그리고 1992년 ≪제주민중항쟁사≫라는 제목의 개인전을 열어 제주 4.3 비극을 널리 알리기도 했다. 이후 제주에 머물면서 동백꽃이나 팽나무, 바다와 오름, 하늘 등 제주의 자연을 소재로 한 풍경과 정물 작품을 지속적으로 선보였다. 그중에서도 바람은 그가 제주의 자연을 어떻게 인식하는지 분명히 드러내 보이는 소재로써 1994년 「바람부는 대지에서」라는 제목의 글에서 다음과 같이 직접 밝힌 바 있다.

"북쪽 먼 바다로부터 하늬바람이 불어오면 바다는 크게 뒤채이며 일렁이기 시작한다. 세찬 바람에 휘몰린 바다는 물밑 바위들에 속이 긁혀 허옇게 뒤집힌다. 가파른 갯바위는 거센 물살을 가르고 베며 앞으로 나아간다. 맵찬 칼바람에 살점 깎이운 팽나무는 검은 뼈가지로 버틴다. 바람은 구름을 휩쓸어 황무지를 후려친다. 돌팍에 얽히고설킨 덩굴들은 가싯발로 바람의 가슴을 긁고 찢으며 저항한다."

거친 바람을 견디며 앙상하게 잔가지만 남아있는 〈팽나무〉(1993)와 남쪽 바다에서 불어오는 봄 바람에 수숫잎들이 파득거리는 〈마파람〉(1994)을 비롯하여 태풍이 몰아치는 제주 바다의 거센 파도와 바람을 그린 〈황파II〉(2002), 〈뒈싸진 바당(뒤집어진 바다)〉(2007)에 이르기까지 강요배는 지속적으로 바람이 만들어내는 제주의 자연을 작품 속에 담아내고 있다. 바람에 대한 그의 인식에서 드러나듯이 그의 작품 속에서 바람은 억압과 파괴로 나타나는 제주의 거친 환경이자 저항과 생명으로 극복해내는 힘을 동시에 상징하며 존재한다. 그것은 척박한 환경 속에서 이어져 온 제주 사람들의 삶과 역사에 대한 은유이기도 하다.

7. 강요배 <황파 II>
2002, 캔버스에 아크릴릭, 112.1×324.4cm
국립현대미술관 소장

참고문헌

강요배, 『제주의 자연』, 학고재, 1994.
김승환, 「풍경으로서 재난: 계몽과 숭고의 미학」, 『인문학연구』 45, 조선대학교 인문학연구원, 2013, pp.197~220.
김영호, 「강요배, 스쳐가는 시간의 파수꾼」, 김영나 외, 『오늘의 미술가들 말하다 1』, 학고재, 2010.
국립광주박물관 편, 『대숲에 부는 바람, 풍죽』, 국립광주박물관, 2014.
변시지, 『예술과 풍토, 선 · 색채 · 형태에 관한 작가노트』, 열화당, 1989.
알렉산드라 헤리스, 강도은 역, 『예술가들이 사랑한 날씨』, 펄북스, 2018.
이화여자대학교 박물관 편, 『바람 바람 바람: 미술, 바람을 품다』, 이화여자대학교 박물관, 2013.
안진희, 「변시지(邊時志, 1926~2013)의 회화세계 연구」, 명지대학교 대학원 박사학위논문, 2020.
윤범모, 「絶叫와 臥遊 혹은 송영옥과 변시지의 경우」, 『인물미술사학』 5호, 인물미술사학회, 2009, pp.9~34.
이원진, 「일본 무로마치 시대 수묵화 연구에 나타난 셋슈와 셋손의 인식에 대한 문제」, 『미술사와 시각문화』 17호, 2016, pp.118~157.
한정희, 「풍신뇌신도상의 기원문제와 한국의 풍신뇌신도」, 『미술사연구』 10호, 미술사연구회, 1996, pp.21~49.
John E. Thornes, "A brief history of weather in European landscape art." Weather Vol. 55. 2000, pp.363~375.

Epilogue

섬은 바다 위에 우뚝 솟은 풍요의 뿔입니다.
바람은 풍요의 뿔을 더듬고 가는 신의 손길입니다.
태풍은 바다와 섬을 가로지르는 또 다른 가르침입니다.

요즘처럼 빠르게 변하는 현대사회에서 우리는
조금은 느리게 사는 법을 배워야 한다고들 합니다.
피에르 쌍소Pierre Sansot의
『느리게 산다는 것의 의미』라는 책처럼,

그러나 태풍은 느려지면 안됩니다.
느려질수록 그 파괴력이 강해지기 때문입니다.
우리는 태풍이 마치
'모데라토 칸타빌레Moderato cantabile'처럼 노래하듯이
빠르게 스쳐지나가기를 바랍니다.
그러기 위해서는 지구와 환경에 관심과 실천이
필요하다는 것을 명심해야 합니다.

사회적 · 물리적 거리가 필요한 요즘
세상의 모든 신들이 거쳐가고 바람의 신들이
사랑하는 섬, 제주에서 태풍을 들여다보고
나 자신을 들여다보는 계기로 거듭하기를 바랍니다.

결국
우리는
태풍을 지키는
가디언이 되어야한다

부록1

『조선왕조실록』 속의 제주 태풍 기록

1405년
태종실록 10권, 태종 5년 7월 29일

크게 바람이 불고 비가 내리었는데, 전라도의 고부古阜 · 모평牟平 · 광주光州 · 인의仁義 · 마령馬令 · 영광靈光 · 장흥長興 · 남평南平 · 순천順天 · 금구金溝 · 익주益州에 황충蝗蟲이 바람과 비를 만나 모조리 죽었고, 제주에 큰 나무가 뽑히고, 밭 곡식과 나무 열매가 손실되었으며, 표몰漂沒된 민호民戶가 18호戶요, 우마牛馬가 표류되어 많이 죽었고, 동東 · 서포西浦의 병선 20여 척이 파괴되었으며…

大風以雨. 全羅道 古阜, 牟平, 光州, 仁義, 馬令, 靈光, 長興, 南平, 順天, 金溝, 益州, 蝗蟲遇風雨盡死. 濟州大木拔, 早穀木實損傷, 漂民戶十八, 漂牛馬多死, 東西浦兵船二十餘艘傷破…

1418년
세종실록 1권, 세종 즉위년 8월 22일

제주 안무사安撫使가 보고하기를, "7월 27일 밤에 큰 비바람이 쳐서 읍성의 동문과 관사, 민가들이 많이 무너지고 수목이 모두 뿌리째 뽑히고, 여러 포구의 선박들도 많이 떠내려가고 깨지고 하였사온데, 대정大靜과 정의旌義 두 고을도 이와 같습니다." 하였다.

濟州按撫使報: "七月二十七日夜大風雨, 邑城東門及官舍, 民屋多頹, 林木皆拔, 諸浦船多漂破. 大靜, 旌義縣亦如之."

1428년
세종실록 40권, 세종 10년 5월 3일

경상도의 경주慶州 · 청도淸道 · 경산慶山 · 사천泗川 · 진주晉州 · 칠원漆原 · 진해鎭海 · 영천永川 · 창녕昌寧 · 울산蔚山 · 밀양密陽 · 합천陜川 등의 각 고을에는 2일 동안 큰 바람이 불어서 나무도 부러졌으며, 전라도의 제주에는 크게 바람이 불고 비가 와서 소와 말이 병이 나서 많이 죽었으며…

慶尙道 慶州, 淸道, 慶山, 泗川, 晋州, 漆原, 鎭海, 永川, 昌寧, 蔚山, 密陽, 陜川等官, 大風二日, 樹木亦折. 全羅道 濟州大風雨, 牛馬多(瞳)〔腫〕死…

1433년
세종실록 61권, 세종 15년 윤8월 10일

제주의 정의旌義 · 대정大靜에 큰 바람이 불어서 백성의 집이 더러 무너진 것이 있었다.

濟州, 旌義, 大靜大風, 民家或有頹毁者.

1444년
세종실록 103권, 세종 26년 2월 2일

주문사奏聞使 병조참판 신인손辛引孫을 북경에 보냈는데, 그 아뢰는 글에 이르기를,

"의정부에서 장계狀啓하기를, '정통正統 8년 8월 15일에 전라 병마도절제사兵馬都節制使 남궁계南宮啓가 제주목사濟州牧使 신처강辛處康의 정문呈文을 갖추어 아뢰기를, 「본년本年 6월 초1일에 본주本州 소관所管 대정大靜 지면地面 요고瞭高 천호千戶 강순康純이 치보馳報하였는데, 왜선倭船 한 척이 해양海洋을 따라와서 작란作亂하려 하기에 비직卑職이 군마軍馬를 정돈하여 습격 체포逮捕 하려는 사이에 그 적들이 막아 싸워 서로 쏘다가 우리 군사에 의하여 2명이 사살되자 대적하지 못하고 배를 돌려 도망하다가 태풍을 만나 파선되어 해안에 이르렀기에 모두 생포하였습니다…

遣奏聞使兵曹參判辛引孫如京師. 其奏曰: 議政府狀啓: "正統八年八月十五日, 據全羅道兵馬都節制使南宮啓備濟州牧使辛處康呈: '該本年六月初一日, 本州所管大靜地面瞭高千戶康純馳報: 「倭船一隻, 從海洋來, 欲行作耗, 卑職整飭軍馬襲捕間, 本賊等拒戰相射, 致被軍士射殺二名, 抵敵不過, 退船遁去, 因致颶風, 破船依岸, 盡行生擒…

1479년
성종실록 105권, 성종 10년 6월 10일

표류했던 제주濟州사람 김비의金非衣 · 강무姜茂 · 이정李正 등 세 사람이 유구국琉球國으로부터 돌아왔는데, 지나온 바 여러 섬의 풍속을 말하는 것이 매우 기이奇異하므로, 임금이 홍문관弘文館에 명하여 그 말을 써서 아뢰라고 하였다. 그 말에 이르기를 … 우리들이 제주를 출발한 때로부터 큰 바람이 파도를 일으켜 파도가 이마[額] 위를 지나고, 물이 배 가운데 꽉 차서 뱃전이 잠기지 않은 것은 두어 판자뿐이었습니다 …

濟州漂流人金非衣, 姜茂, 李正等三人, 還自琉球國, 言所歷諸島風俗, 甚奇異. 上令弘文館, 書其言以啓. 其言曰…俺等自發濟州, 大風激浪過額, 水滿舟中, 舷不浸者數板…

1638년
인조실록 37권, 인조 16년 8월 12일

제주도에 심한 바람이 불어 나무가 부러지고 집이 무너졌다.

濟州大風, 折木拔屋.

1645년
인조실록 46권, 인조 23년 9월 21일

제주는 6개월 동안 크게 가문 뒤에 큰비가 급작스럽게 내리고 큰 바람으로 나무가 뽑혔는데, 이 때문에 죽은 말이 2백 필이나 되었다. 목사牧使가 이 사실을 보고해 왔다.

濟州六月大旱之餘, 大雨暴下, 大風拔木, 馬死者二百匹. 牧使以聞.

1646년
인조실록 47권, 인조 24년 7월 18일

제주에 태풍이 불어 나무가 부러지고 가옥이 쓰러졌는데, 목사가 보고하였다.

濟州大風, 折木拔屋, 牧使以聞.

1652년
효종실록 9권, 효종 3년 9월 23일

제주의 정의旌義와 대정大靜에 태풍이 크게 불고 소나기가 사납게 내려서 말이 많이 죽고 백성들도 빠져 죽은 자가 있었는데, 휼전을 시행하라고 명하였다.

濟州 旌義, 大靜, 颶風大作, 驟雨暴下, 馬畜多斃, 人民亦有渰死者, 命施恤典.

1654년
효종실록 13권, 효종 5년 7월 13일

제주에 큰 바람이 불고 비가 왔다.

濟州大風雨.

참고문헌

단행본

강준식, 『다시 읽는 하멜표류기』, 웅진닷컴, 2002.
국가기상위성센터, 『천리안에서 바라본 하늘, 바다, 땅 그리고 구름 : 천리안위성자료 활용 3주년 화보집』, 기상청, 2014.
국립기상연구소 황사연구과, 『(2012) 기상역사자료집』, 기상청, 2012.
국립아시아문화전당 · 아시아문화원, 『동아시아 표해록: 바다 건너 만난 이웃』, 국립아시아문화전당, 2019.
국립제주박물관, 『한라산』, 국립제주박물관, 2013.
국립제주박물관, 『한국의 마(馬)-시공을 달리다』, 국립제주박물관, 2014.
국립제주박물관, 『국립제주박물관』, 국립제주박물관, 2017.
국립제주박물관, 강화역사박물관, 『삼별초와 동아시아: 고려 건국 1100주년 기념 2017-2018년 기획특별전』, 국립제주박물관, 2017.
국립제주박물관, 『무병장수의 별 노인성, 제주를 비추다』, 국립제주박물관, 2019.
국립중앙박물관, 『신안해저선에서 찾아낸 것들』, 국립중앙박물관, 2016.
기상청, 『(삼국사기 · 삼국유사로 본) 기상 · 천문 · 지진기록』, 기상청, 2011.
기상청, 『(2014-2016 기상기후사진 공모전 입상작) 날씨, 사진으로 기억되다』, 기상청 대변인실, 2016.
기상청 국가태풍센터, 『태풍백서』, 기상청 국가태풍센터, 2011.
기상청 국가태풍센터, 『(기상청 국가태풍센터 10년사 2008~2018) 바람의 흐름을 따라』, 기상청 국가태풍센터, 2018.
기상청 기후국 기후정책과, 『근대기상 100년사』, 기상청, 2004.
김유정, 『제주 풍토와 무덤』, 서귀포문화원, 2011.
김일권, 『고려사의 자연학과 오행지』 역주, 한국학중앙연구원 출판부, 2011.
김상헌 저, 홍기표 역, 『남사록 역주』 上, 제주문화원, 2008.
김상헌 저, 홍기표 역, 『남사록 역주』 下, 제주문화원, 2009.
김석익 저, 김새미오 등 역, 『역주 탐라기년』, 제주문화원, 2015.
닐 게이먼 지음, 박선령 옮김, 『북유럽 신화』, 나무의철학, 2017.
베로니카 이온스 지음, 심재훈 옮김, 『이집트 신화』, 범우사, 2003.
봉종헌, 윤석환, 『하늘 · 땅 그리고 바다 (기상사진집 1984-2008)』, (재)한국기상산업진흥원, 2008.
사진으로 보는 제주역사 편찬위원회, 『(1900~2006) 사진으로 보는 제주역사』 1, 제주특별자치도, 2009.
안명환(기상청 기후국 기후정책과), 『사진으로 보는 근대기상 100년사』, 기상청, 2004.
이건 저, 김익수 역, 『규창집』, 제주문화원, 2010.
이승호, 『한국의 기후&문화 산책 : 생활 속 기후 여행 』, 푸른길, 2009.
이원진 저, 고창석 등 역, 『역주 탐라지』, 푸른역사, 2002.
충암 김정 저, 김동섭 역, 『(국역) 충암집』, 충암 문간공 종문, 1998.
제주대학교박물관, 『제주의 바다, 땅 그리고 사람 : 제주대학교박물관 상설전시도록』, 제주대학교박물관, 2012.
제주역사문화진흥원, 『제주성 총서-사진 · 지도』, 제주특별자치도 제주시 문화예술과, 2015.
제주연구원 제주학연구센터 편, 『제주학개론』, 제주연구원 제주학연구센터, 2017.
제주지방기상청, 『2018년 제주도 기후자료집 』, 제주지방기상청, 2019.
제카리아 시친 지음, 이근영 옮김, 『수메르, 혹은 신들의 고향』, 이른아침, 2007.
진성기, 『그리스 신화보다 그윽한) 신화와 전설 : 제주도 전설집』, 제주민속연구소, 2008.
토마스 볼핀치 지음, 김경희 옮김, 『그리스 로마 신화』, 브라운힐, 2006.
학고재 갤러리, 『KANG YO-BAE 강요배: Just, Image 상(象)을 찾아서』, 학고재 갤러리, 2018.
한국사진기자협회 제주도사진기자회, 『제주도사진기자회 보도 사진전-Jeju News Photo Exhibition』, 2019.
한진오, 『모든 것의 처음, 신화 : 제주의 현실을 보는 신화 이야기』, 한그루, 2019.
현경미, 『인도, 신화로 말하다』, 도래, 2015.
현용준, 『제주도 전설』, 서문당, 1996.

논문 강철성, 「조선 초 자연재해 분석 및 구휼에 대한 연구」, 『한국지리학회지』 1-1, 한국지리학회, 2012.

김건우, 「기후변화에 따른 해안재해에 대한 고찰」, 관동대학교 석사학위논문, 2011.

김오진, 「조선시대 제주도의 기후와 그에 대한 주민의 대응에 관한 연구」, 건국대학교 박사학위논문, 2009.

김재호, 「한국전통사회의 기근과 그 대응: 1392~1910」, 『경제사학』 30, 경제사학회, 2001.

Il-Ju Moon, Sung-Hun Kim, Johnny C. L. Chan, 「Climate change and tropical cyclone trend」, 『Nature』 570-7759, 2019.

문지원, 「조선 초기 자연재해와 대응 양상 연구」, 제주대학교 석사학위논문, 2018.

박우정, 「과거 태풍 경로의 대표 경로 추출 및 태풍 피해지역 추정에 관한 연구」, 경희대학교 석사학위논문, 2016.

Chanwoo Sohn, Young Kwan Sohn, 「Volcaniclastic tide-modulated tempestite in a coastal tuff ring jeju island, Korea」, 『Scientific Reports』, 2019.

Chanwoo Sohn, Young Kwan Sohn, 「Distinguishing between primary and secondary volcaniclastic deposits」, 『Scientific Reports』, 2019.

오종록, 「15세기 자연재해의 특성과 대책」, 『역사와 현실』 5, 한국역사연구회, 1991.

이경규, 「중국에서의 마조 신앙의 성립과 발전에 관하여」, 『중국사연구』 68, 중국사학회, 2010.

이민수, 「朝鮮初期 氣候가 救荒政策에 끼친 影響에 대하여」, 『사회과학연구』 5, 대구대학교 사회과학연구소, 1998.

이석규, 「朝鮮初期의 天人合一論과 災異論」, 『진단학보』 81, 진단학회, 1996.

이욱, 「15세기 후반 기후특성의 비교사적 고찰 : 『조선왕조실록』 기후 관련 기록 신빙성 검토의 한 사례」, 『국학연구』 21, 한국국학진흥원, 2012.

이정호, 「여말선초 자연재해 발생과 고려 · 조선정부의 대책」, 『한국사학보』 40, 고려사학회, 2010.

James P. Kossin, 「A global slowdown of tropical-cyclone translation speed」, 『Nature』 558-7708, 2018.

전영준, 「전근대시기 제주사회의 기상변화와 대응」, 『역사와 실학』 55, 역사실학회, 2014.

전준혁, 이용삼, 「조선시대의 바람 관측기기인 풍기(風旗)의 연구」, 『대기』 23-1, 한국기상학회, 2013.

정현숙, 임규호, 김호, 「조선왕조실록의 기록에 근거한 조선시대 기상현상의 발생 빈도 분석」, 『한국기상학회 학술대회 논문집』, 한국기상학회, 1999.

한정수, 「고려후기 天災地變과 王權」, 『역사교육』 99, 역사교육연구회, 2006.

기타 기상청 www.kma.go.kr.

국가태풍센터 www.weather.go.kr/weather/typoon/report.jsp.

제주지방기상청 http://jeju.kma.go.kr.

국가기상슈퍼컴퓨터센터 http://web.kma.go.kr.

국가기상위성센터 http://nmsc.kma.go.kr.

항공기상청 http://amo.kma.go.kr.

APEC기후센터 https://apcc21.org.

국민재난안전포털 http://www.safekorea.go.kr.

세계기상기구 http://www.wmo.int.

약 170년간의 태풍 기록 확인 https://coast.noaa.gov/hurricanes.

위키미디어 공용 Wikimedia Commons.

한국고전종합DB http://db.itkc.or.kr.

한국사데이터베이스 http://db.history.go.kr.

문화재청 국가문화유산포털 http://www.heritage.go.kr.

제주학센터 http://www.jst.re.kr.

국립제주박물관 기획특별전

颱風 태풍고백 告白

TYPHOON : Confession of the One-eyed Wind

ISBN 978-89-97595-61-7
정가 19,000원

총괄
김유식
권오웅

전시

기획
오연숙
강동훈

진행
김현희
김진경
김승익
진신승
조규임
조성혁
최혜원
라다현

보존환경
부혜선
김수진
황다영

교육
한지윤
유경하
정보은

홍보
김희정
송호연

홍보영상
보구정

협조
어강우
김민영
김영훈

시설지원
양윤희
강상석
김성섭
양정필
이유찬
김원균
박응철
강우건
김준호
고태현
김대욱

방호지원
양유철
한상철
고동하
박찬순
김경업
황미정

전시시공
아이디컴퍼니

전시영상
제주풍경

홍보물디자인
광림아이덴티티

도록

기획·편집
김현희
오연숙

자료조사 및 원고
김현희
오연숙
김진경
김승익
진신승

칼럼
강동훈
김진경
김승익
김준현
김현희
문일주
박예리
손영관
오연숙
허남춘

참여작가
김선희
박진우
홍진숙

교정
김진경
김승익
진신승
조규임

번역
팬트랜스넷

사진
강만보
서재철
이묘자
전영선 제주풍경
한정엽 한국문화재사진연구소

발행
국립제주박물관

출판
(주) 디자인나눔

인쇄
두성프린트

발행일
2020년 5월 29일